建筑职业技能培训教材

推土铲运机驾驶员

（技　师）

建设部人事教育司组织编写

中国建筑工业出版社

图书在版编目（CIP）数据

推土铲运机驾驶员（技师）/建设部人事教育司组织
编写．—北京：中国建筑工业出版社，2005
（建筑职业技能培训教材）
ISBN 978-7-112-07661-1

Ⅰ．推… Ⅱ．建… Ⅲ．推土机-驾驶员-技术培
训-教材　Ⅳ．TU623.5

中国版本图书馆 CIP 数据核字（2005）第 111234 号

建筑职业技能培训教材
推土铲运机驾驶员
（技　师）
建设部人事教育司组织编写

*

中国建筑工业出版社出版、发行（北京西郊百万庄）
各地新华书店、建筑书店经销
廊坊市海涛印刷有限公司印刷

*

开本：850×1168 毫米　1/32　印张：7　字数：186 千字
2005 年 10 月第一版　　2016 年 8 月第三次印刷
定价：**19.00** 元
ISBN 978-7-112-07661-1
（26340）

本社网址：http://www.cabp.com.cn
网上书店：http://www.china-building.com.cn

本书根据建设部最新颁布的《职业技能标准、职业技能鉴定规范和职业技能鉴定试题库》，由建设部人事教育司组织编写。本书主要内容包括：基础知识、机械识图、电工基础、电气基础、推土机、装载机、铲运机、平地机、铲土运输机械维护与故障处理、机械管理等。

　　本书可作为推土铲运机驾驶员技师培训教材，也可作为相关专业工程技术人员参考书。

* ＊ ＊

责任编辑：吉万旺　朱首明
责任设计：董建平
责任校对：李志瑛　刘　梅

出版说明

为贯彻落实《中共中央、国务院关于进一步加强人才工作的决定》精神，加快培养建设行业高技能人才，提高我国建筑施工技术水平和工程质量，我司在总结各地职业技能培训与鉴定工作经验的基础上，根据建设部颁发的木工等 16 个工种技师和 6 个工种高级技师的《职业技能标准、职业技能鉴定规范和职业技能鉴定试题库》组织编写了这套建筑职业技能培训教材。

本套教材包括《木工》（技师　高级技师）、《砌筑工》（技师　高级技师）、《抹灰工》（技师）、《钢筋工》（技师）、《架子工》（技师）、《防水工》（技师）、《通风工》（技师）、《工程电气设备安装调试工》（技师　高级技师）、《工程安装钳工》（技师）、《电焊工》（技师　高级技师）、《管道工》（技师　高级技师）、《安装起重工》（技师）、《工程机械修理工》（技师　高级技师）、《挖掘机驾驶员》（技师）、《推土铲运机驾驶员》（技师）、《塔式起重机驾驶员》（技师）共 16 册，并附有相应的培训计划和大纲与之配套。

本套教材的组织编写本着优化整体结构、精选核心内容、体现时代特征的原则，内容和体系力求反映建筑业的技术和发展水平，注重科学性、实用性、人文性，符合相应工种职业技能标准和职业技能鉴定规范的要求，符合现行规范、标准、新工艺和新技术的推广要求，是技术工人钻研业务、提高技能水平的实用读本，是培养建筑业高技能人才的必备教材。

本套教材既可作为建设职业技能岗位培训的教学用书，也可供高、中等职业院校实践教学使用。在使用过程中如有问题和建议，请及时函告我们。

建设部人事教育司
2005 年 9 月 7 日

前　言

　　本书根据建设部颁布的建设行业《职业技能标准、职业技能鉴定规范和职业技能鉴定试题库》以及《建筑职业技能培训计划与培训大纲》而编写。其内容主要包括基础理论知识、机械识图、电工基础理论、电气基础理论、推土铲运机等铲土运输机械的基本知识、安全操作、维护保养及故障处理、工程机械管理等几个方面。

　　本书根据建设行业的特点，具有很强的科学性、规范性、针对性、实用性和先进性。内容通俗易懂，适合建筑行业工人自学使用及职工技能鉴定和考核的培训。

　　本教材由林新红、郭瑞、陈敏编写，全书由林新红统稿主编，四川职业技术学院张伦副教授主审。

　　教材编写时还参考了已出版的多种相关培训教材，对这些教材的编著者，一并表示谢意。

　　在本教材的编写过程中，虽经推敲核证，但限于编者的专业水平和实践经验，仍难免有不妥甚至疏漏之处，恳请各位同行提出宝贵意见，在此表示感谢。

目　　录

一、基 础 知 识

（一）液压传动及液力传动

流体传动包括气体（压）传动和液体传动，液体传动分为液压传动、液力传动和液黏传动。液压传动基于帕斯卡定律，以液体的压能来传递动力；液力传动基于欧拉方程，以液体动量矩的变化来传递动力；液黏传动基于牛顿内摩擦定律，以液体的黏性来传递动力。本章主要介绍液压传动和液力传动。

液压传动是用密闭系统中的受压液体作为工作介质来传递能量和进行控制的传动方式。液压系统利用液压泵将原动机的机械能转换为液体的压力能，通过液体压力能的变化来传递能量，经过各种控制阀和管路的传递，借助于液压执行元件（液压缸或液压马达）把液体压力能转换为机械能，从而驱动工作机构，实现直线往复运动和回转运动。液压传动与机械传动相比，具有许多优点，所以在机械设备中，液压传动是被广泛采用的传动方式之一，在现代生产中具有广阔的发展前途。特别是近年来，液压技术与微电子、计算机技术相结合，计算机辅助设计（CAD）的推广应用和数字控制液压元件的研制开发，使液压技术的发展进入了一个新的阶段，成为发展速度最快的技术之一，广泛应用于机械制造、工程机械和汽车制造等各个行业。

液力传动是以液体为工作介质，依靠叶轮与液体之间的液体动力作用来传递能量的传动方式。液力传动可以提高整个传动系统的动力性能，一般应用在机械的动力传动系统中，与动力装置（内燃机、电动机、空气压缩机等）联合工作，借以达到保护和改善机械性能的目的。目前在一些土方机械、起重机械上得到广泛应用。

1. 液压传动的基本原理

通过液压千斤顶的工作原理来说明液压传动的基本原理。如图 1-1 所示，上、下驱动手柄，使柱塞泵的小柱塞作上、下往复动作，油液从油箱经单向阀 8 进入小柱塞下方腔内，再经单向阀 9 进入液压千斤顶工作油缸，从而将重物顶起；若使重物下落，可将放油阀打开，工作油缸活塞下的油液经油管返回油箱。分析上述过程，实质上，首先靠柱塞泵腔内容积的变化完成了将手柄的机械能转换成液体的压力能；其后，靠工作油缸容积的变化将油液的压力能转换为机械能，完成重物的上升。在能量转换和传递的过程中，柱塞泵腔容积减少的量等于工作油缸腔内容积增大的量。液压传动是在密闭的容器内，依靠容积变化相等的具有一定静压力的液体来进行能量传递的。

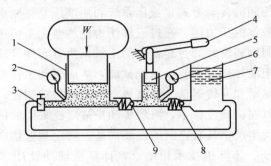

图 1-1　液压千斤顶工作原理图

1—工作油缸；2、6—压力表；3—放油阀；4—手
柄；5—小柱塞；7—油箱；8、9—单向阀

从以上液压千斤顶的工作过程可以看出，液压传动是以密封容积中的受压液体作为工作介质来传递运动和动力的传动。它先将机械能转换为液体的压力能，再将液体的压力能转换为机械能。液压传动利用液体的压力能进行工作。

2. 液压传动系统的组成和作用

一个完整的液压系统由动力元件、执行元件、控制调节元件、辅助元件和工作介质五个部分组成。

（1）动力元件

动力元件是指各种液压泵。它的作用是将机械动力装置的机械能转化为液压能的装置，为液压系统的执行元件提供压力油，它是液压系统的动力源。

（2）执行元件

执行元件是指液压缸或液压马达等元件。它是将液体的压力能转化为机械能的装置，其作用是在压力油的推动下输出力和速度（或力矩和转速），以驱动工作部件。液压缸和液压马达克服外界工作阻力和阻力矩作功。液压缸完成直线往复运动，液压马达完成旋转运动。

（3）控制调节元件

控制调节元件是指液压系统的各种阀类元件，如溢流阀、换向阀等。它们的作用是控制和调节液压系统中液体的压力、流量和方向，以保证执行元件完成预期的工作运动，满足对传动性能的要求。

（4）辅助元件

辅助元件是指油箱、油管、管接头、滤油器、冷却器、压力表、流量表等液压元件。这些元件分别起贮油、输油、连接、过滤、散热、测量压力和流量等作用，是确保液压系统完整和正常工作不可缺少的组成部分。

（5）工作介质

工作介质是指传动液体，通常为液压油，是液压系统中传递能量的工作介质。液压油是利用液体压力能的液压系统使用的液压介质，在液压系统中起着能量传递、系统润滑、防腐、防锈、冷却等作用。液压系统能否可靠有效的工作，在很大程度上取决于系统中所用的液压油。液压油根据用途和特性一般分为矿油型液压油、合成烃液压油、抗燃液压油、清净液压油、可生物降解液压油等类型。对于液压油来说，首先应满足液压装置在工作温度下与启动温度下对液体黏度的要求，由于油的黏度变化直接与液压动作、传递效率和传递精度有关，要求油的黏温性能和剪切安定性应满足不同用途所提出的各种需求。另外，液压油要对液压系统金属和密封材料有良好的配伍性，良好的过滤性；具有抗腐蚀能力和抗磨损能力以及抗空气夹带和起泡倾向；热稳定性及氧化安定性要好。对于某些特殊用途，还应具有耐燃性和对环境不造成污染（如易于生物降解和无毒性）。

3. 液压传动系统的符号

液压系统是由上述的液压元件按设计要求通过油管连接起来，形成完整的回路。为了说明液压系统的组成和工作原理，工程上采用液压系统图，用符号来表示各种元件的类型、功能、控制方式及其相互连接关系。液压元件的图形符号国家已标准化，国内外都广泛采用液压元件的图形符号来绘制液压系统原理图，但是图形符号并不表示液压元件的具体结构、参数、连接口实际位置，只表示液压元件的职能，使系统图简化，原理简单明了，便于阅读、分析、设计和绘制。图形符号的绘制应符合国家标准GB/T 786.1—1993，常用的液压元件符号详见表1-1。

液压系统图中常用的液压元件符号 表 1-1

名　　称	符　　号	名　　称	符　　号
工作管路	——————	双向定量液压泵	
控制管路	— — — —	单向变量液压泵	
通油箱管路	⌐⌐	双向变量液压泵	
单向定量液压泵		单向定量液压马达	

名　称	符　号	名　称	符　号
双向变量液压马达		单向阀	
交流电动机		液控单向阀	
回转液压缸		二位四通阀	
单作用活塞液压缸		交叉管路	
单作用柱塞液压缸		软管	
双作用活塞液压缸		二位三通阀	
泄漏管路		三位四通阀	
连接管路		手动杠杆控制	
差动液压缸		电磁力控制	
溢流阀		电磁液压控制	
远控溢流阀		压力继电器	
减压阀		蓄能器	
顺序阀		粗滤油器	
节流阀		细滤油器	
可调节流阀		冷却器	
单向节流阀		手动截止阀	
调速阀		压力表	

4. 液压系统的主要参数

液压系统的状态参数包括压力、流量、温度、速度（或转速）、振动、噪声、泄漏量、油液污染度等。其中，压力 p 和流量 Q 是液压系统中的最重要、最直接的两个参数，同时压力和流量也决定了液压系统所传递的功率 P。

（1）压力 p

在液压传动中的所谓压力，都是指液体静压力（即物理学中

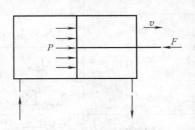

的压强）。它是指液体处于静止状态下，单位面积所受的力，以 p 表示，单位为 Pa（帕）。如图 1-2 所示，液压泵向液压缸左腔供油，由于活塞受载荷 F（包括摩擦力及其他阻力）的阻碍作用，使液体形成压力，随着液压泵不断供

图 1-2　活塞受力示意图

油，压力也不断上升，当压力升高到作用在活塞有效面积 A 上的作用 $p \cdot A$ 能克服外载荷 F 使活塞向右运动时，液压油缸中的压力为：

$$p = \frac{F}{A} \tag{1-1}$$

式中　p——压力，Pa、MPa 或 N/mm²；

　　　A——活塞的有效作用面积，mm²；

　　　F——活塞受的载荷，N。

由帕斯卡定律可知，在密闭容器内的液体压力 p 能等值地传递到液体内部的所有各点，所以，在液压传动系统中，液体内部产生压力是由于外力作用的结果。当外界负载增加时，泵的压力升高；当外界负载减小时，泵的压力降低。如果外界负载无限制地增加，泵的压力也无限制地升高，直至泵的零件和管路被破

坏。因此，在液压系统中必须设置溢流阀，限制泵的最大压力，起到过载保护作用。溢流阀的调定值不能超过泵所能承受的最大压力值。

（2）流量

流量指单位时间内流过某一截面的液体体积，用 Q 表示。

$$Q = \frac{V}{t} \tag{1-2}$$

式中　Q——流量，m^3/s；

　　　V——液体体积，m^3；

　　　t——时间，s。

液压泵的流量指泵在单位时间内输出液体的体积。如图 1-2 所示，如果活塞的有效作用面积为 A，活塞的移动速度为 v，则液压泵向油缸供油的流量为：

$$Q = A \cdot v \tag{1-3}$$

式中　Q——液压油泵向油缸的供油流量，m^3/s；

　　　A——活塞的有效作用面积，m^2；

　　　v——活塞移动的速度，m/s。

（3）功率

单位时间内所做的功称为功率，用 P 表示。通常功率等于力与速度的乘积，在液压系统中则为压力与流量的乘积。如图 1-2，液压油缸的输出功率 P 应为液压活塞的负载阻力 F 乘以活塞的运动速度 v，即：

$$P = F \cdot v = p \cdot Q \tag{1-4}$$

经单位换算可以得到下面的计算公式：

$$P = p \cdot Q \times 1000 \tag{1-5}$$

式中　P——液压缸的输出功率，kW；

　　　p——工作压力，MPa；

Q——流量，m³/s。

根据泵的最大工作压力（一般按溢流阀的调定值确定）和泵在额定转速时的流量，可计算泵的输入功率（驱动液压油泵的动力装置的功率）：

$$P_\lambda = \frac{p \cdot Q \times 1000}{\eta} \tag{1-6}$$

式中　P_λ——泵的输入功率，kW；

　　　　p——泵的最大工作压力，MPa；

　　　　Q——泵的流量，m³/s；

　　　　η——泵的总效率，$\eta < 1$。

5. 液压元件

液压元件已逐步实现了标准化、系列化，并且要用规定的图形符号（见表1-1）来表示，其规格、品种、质量、性能都有了很大提高，尤其是采用电子技术、伺服技术等新技术新工艺后，使液压系统的质量得到了显著的提高，其在国民经济及军事工业中发挥了重大作用。

（1）液压泵和液压马达

液压泵和液压马达是液压系统中的能量转换元件。液压泵属于液压系统的动力元件，液压马达属于液压系统的执行元件。这里仅介绍液压泵。

液压泵按其结构形式分为齿轮泵、叶片泵和柱塞泵；按泵的输油方向能否改变，可分为单向泵和双向泵；按泵的流量能否调节，又分为定量泵和变量泵。

液压泵的主要参数为压力和流量。液压泵的工作压力是指泵工作时输出液压油的实际压力，其大小由工作负载决定；液压泵的额定压力是指泵在正常工作条件下，试验标准规定能连续运转的最高压力，它受泵本身的泄漏和结构强度所制约。液压泵的实际流量是指泵在某工作压力下实际排出的流量；液压泵的额定流量是指泵在正常工作条件下，试验标准规定必须保证的输出流量。泵的产品样品或铭牌上标出的压力和流量为泵的额定压力和额定流量。

（2）液压缸

液压缸是液压系统的执行元件。液压缸按结构特点的不同可分为活塞缸、柱塞缸和摆动缸三类。最常用的是活塞缸，又分为双活塞杆缸和单活塞杆缸。

（3）液压控制阀

液压控制阀是液压系统的控制元件。液压控制阀都是由阀体、阀芯和操纵机构三部分组成。利用阀芯的移动，使阀孔开、闭状态发生变化，来限制或改变油液的流动，达到控制和调节油液的流向、压力和流量的目的。

根据控制功能的不同，液压阀可分为压力控制阀、流量控制阀和方向控制阀。压力控制阀又分为溢流阀（安全阀）、减压阀、顺序阀、压力继电器等；流量控制阀包括节流阀、调整阀、分流集流阀等；方向控制阀包括单向阀、液控单向阀、梭阀、换向阀等。

1）方向控制阀

方向控制阀主要起通断油路和改变流向的作用，从而控制执行元件的启动、停止、换向。

2）压力控制阀

压力控制阀的作用是控制液压系统的压力，实现执行元件所需的力或力矩或利用压力作为信号来控制其他元件的动作，压力控制阀是利用作用在阀芯的液压作用力和弹簧力相平衡的原理来控制阀芯的移动，进而控制压力的大小。

3）流量控制阀

流量控制阀是通过改变阀口（节流口）通流截面积来调节通过阀口的流量，从而控制执行元件的运动速度。节流口是任何流量控制阀都必须具备的节流部分，节流口的形式有轴向三角槽式、偏心式、针阀式、周向缝隙式、轴向缝隙式等多种形式。

（4）辅助装置

液压系统辅助元件主要有油箱、滤油器、压力表、蓄能器、管接头等。它们是液压系统的重要组成部分，对液压系统的工作稳定性、效率和寿命等有直接的影响。

根据控制方式不同，液压阀又可分为开关式控制阀、定值控制阀和比例控制阀。

6. 液力传动

液力传动的基本元件是液力耦合器和液力变矩器。液力耦合器广泛应用于带式输送机、刮板输送机、球磨机、风机、压缩机、水泵和油泵等设备的传动中，提高传动品质并节约能源。液力变矩器主要用于工程机械、石油机械和内燃机车。目前，在装载机、铲运机、平地机等工程机械上都已广泛地应用了液力耦合器或液力变矩器。

（1）液力耦合器

液力耦合器是一种简单的液力传动装置。液力耦合器的基本构件是具有若干径向平面叶片的、构成工作腔的泵轮 B（主动轮）和涡轮 T（从动轮）。泵轮 B 固定在主动轴上，涡轮 T 固定在从动轴上。如图 1-3 所示。泵轮和涡轮之间以 3～15mm 的间隙相互隔开，没有机械联系。

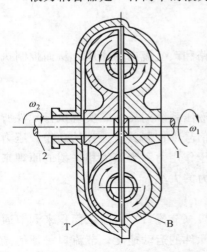

图 1-3　液力耦合器
1—主动轴；2—从动轴

液力耦合器的工作原理，如图 1-4 所示。液力传动油在工作腔里高速循环流动传递动力，油液随泵轮做牵连运动的同时因

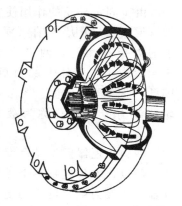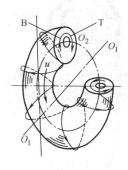

图 1-4　工作液体沿圆环流动的螺管

受离心力作用而做离心运动，使泵轮内的工作流体随泵轮旋转的同时在离心力的作用下沿叶片向外流动，从泵轮冲入涡轮的高速液流由涡轮的外缘进入涡轮的内缘，又从涡轮的内缘返回泵轮。这样，工作液体在泵轮和涡轮之间形成沿圆环流动的螺管，不断把通过泵轮将机械能转换为液体的动能传递到涡轮，涡轮将液体的动能转换成机械能并输出。

在稳定的工作条件下，忽略轴承摩擦阻力，作用在泵轮上的力矩可以近似地等于涡轮上的力矩，因此，称仅有泵轮和涡轮的液力传动装置为液力耦合器。

液力耦合器替代由刚性零件制成的机械式离合器与发动机联合进行工作，主要起到在过载时保护发动机和改善发动机的起动性能、降低惯性保持工作平衡的作用。一般在惯性质量很大或必须在重载条件下起动的机器的传动系统，安装和使用液力耦合器具有非常重要的意义。

（2）液力变矩器

如图 1-5 所示，液力变矩器的基本构件是泵轮 B、涡轮 T 和导轮 D，它们均是具有空间（弯曲）叶片的工作轮，按相关顺序排列构成工作腔。工作流体在液力变矩器内的流动仍为螺管运动（图 1-4），但较液力耦合器的螺管流动要复杂得多。

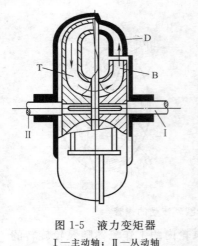

图 1-5　液力变矩器

Ⅰ—主动轴；Ⅱ—从动轴

由于固定导轮的作用使主动轴（泵轮）和从动轴（涡轮）上的力矩不相等，两者之差等于导轮作用于液体上的力矩值。因此，把具有泵轮、导轮和涡轮的液力传动装置称为液力变矩器。

液力变矩器由于具有变矩作用，所以，本身就是一个无级变速器，比液力耦合器应用更为广泛。液力变矩器输出轴（从动轴）转矩与输入轴（主动轴）转矩之比称为液力变矩器的变矩系数，液力变矩器的变矩系数一般为 1.6～5。

液力变矩器根据安置在泵轮与导轮之间的刚性连接的涡轮数分为单级和多级。多级液力变矩器虽然有高的变矩系数（5～7）和高效区较宽，但由于结构复杂，成本较高，在工程机械上很少采用。

按涡轮与泵轮的旋转方向是否一致，液力变矩器分为正转 B-T-D 型和反转 B-D-T 型两种。B-T-D 型变矩器，泵轮与涡轮转向相同。B-D-T 型变矩器也称反转液力变矩器，由于液流方向变化剧烈，因此功率损失较大，要比 B-T-D 型效率低。

图 1-6 为 YB-355-2 型液力变矩器的构造图。这种变矩器为单级、正转 B-T-D 型，最大循环圆直径为 355mm。

液力变矩器由动力输入部分、动力输出部分、导轮的固定支承部分、密封装置和液力变矩器的补偿系统组成。动力输入部分使内燃机的动力由飞轮通过弹性连接盘带动罩轮和与罩轮连接的泵轮，同时也带动油泵的驱动盘及驱动轴。动力输出部分由涡轮通过涡轮连接盘将输出动力传给涡轮输出轴。导轮在液力变矩器

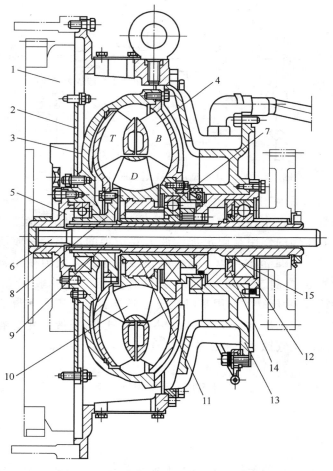

图 1-6 YB-355-2 型液力变矩器的构造图

1—内燃机飞轮；2—弹性连接盘；3—罩轮；4—泵轮；5—油泵驱动盘；

6—油泵驱动轴；7—油泵轴承座；8—涡轮连接盘；9—涡轮输出轴；

10—导轮；11—导轮固定座；12—轴承座；13—壳体；14—密封托；15—密封圈

中是一个固定不动的工作轮，导轮由导轮固定座固定在与壳体保持静止的轴承座上。密封装置采用固定密封、旋转密封和油封等。液力变矩器正常工作时，必须有补偿和冷却系统。补偿和冷

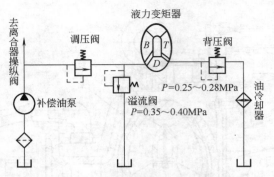

图 1-7　YB-355-2 型液力变矩器的补偿和冷却系统

却系统如图 1-7 所示，由滤油器、齿轮泵、冷却器和三个压力控制阀组成。三个压力控制阀与液力变矩器安装在一起。图 1-7 中，调压阀的作用是限定进入液力变矩器的油压，一般油压在 1.1～1.4MPa 范围或以下时，补偿油液不进入液力变矩器；溢流阀用于控制工作液体进入泵轮时的压力，一般为 0.35～0.4MPa；背压阀的作用是保证液力变矩器内的压力不得低于背压阀所限定的压力（0.25～0.28MPa），以防止液力变矩器因压力过低产生气蚀现象或工作液体全部流空。

（二）土的主要物理机械性能

1. 土的分类

自然界中的土种类很多，工程性质各异，各部门制定分类标准的着眼点也就不同。《建筑地基基础设计规范》（GB 50007—2002）将建筑地基的岩土分为岩石、碎石土、砂土、粉土、黏性土和人工填土六大类。从建筑施工的角度，根据土石坚硬程度，即施工开挖难易程度不同，将土石分为八类（见表 1-2），以便选择施工方法和确定劳动量，为计算劳动力、机具及工程费用提供依据。前四类属一般土，后四类属岩石。

土的分类	土 的 名 称	可松性系数		开挖方法及工具
		K_s	K_s'	
一类土 (松软土)	砂;粉土;冲积砂土层;种植土;泥炭(淤泥)	1.08~ 1.17	1.01~ 1.03	能用锹、锄头挖掘
二类土 (普通土)	粉质黏土;潮湿的黄土;夹有碎石、卵石的砂;种植土;填筑土及粉土混卵(碎)石	1.14~ 1.28	1.02~ 1.05	用锹、条锄挖掘,少许用镐翻松
三类土 (坚土)	中等密实黏土;重粉质黏土;粗砾石;干黄土及含碎石、卵石的黄土、粉质黏土;压实的填筑土	1.24~ 1.30	1.04~ 1.07	主要用镐,少许用锹、条锄挖掘
四类土 (砂砾坚土)	坚硬密实的黏性土及含碎石、卵石的黏土;粗卵石;密实的黄土;天然级配砂石;软泥灰岩及蛋白石	1.26~ 1.32	1.06~ 1.09	整个用镐、条锄挖掘,少许用撬棍挖掘
五类土 (软石)	硬质黏土;中等密实的页岩、泥灰岩、白垩土;胶结不紧的砾岩;软的石灰岩	1.30~ 1.45	1.10~ 1.20	用镐或撬棍、大锤挖掘,部分用爆破方法
六类土 (次坚石)	泥岩;砂岩;砾岩;坚实的页岩;泥灰岩;密实的石灰岩;风化花岗岩;片麻岩	1.30~ 1.45	1.10~ 1.20	用爆破方法开挖,部分用风镐
七类土 (坚石)	大理岩;辉绿岩;玢岩;粗、中粒花岗岩;坚实的白云岩、砂岩、砾岩、片麻岩、石灰岩、微风化的安山岩、玄武岩	1.30~ 1.45	1.10~ 1.20	用爆破方法开挖
八类土 (特坚石)	安山岩;玄武岩;花岗片麻岩;坚实的细粒花岗岩,闪长岩、石英岩、辉长岩、辉绿岩、玢岩	1.45~ 1.50	1.20~ 1.30	用爆破方法开挖

注: K_s——最初可松性系数;
　　K_s'——最后可松性系数。

2. 土的物理机械特性

(1) 土的工程性质

1) 土的天然密度

土在天然状态下单位体积的质量，称为土的天然密度（简称密度）。用 ρ 表示，计算公式为：

$$\rho = \frac{m}{V} \tag{1-7}$$

式中　m——土的总质量，kg、g；

　　　V——土的体积，m^3、cm^3。

土的天然密度随着土的颗粒组成、孔隙的多少和水分含量而变化，不同的土，密度不同。一般黏土的天然密度为 $1800\sim2000kg/m^3$，砂土为 $1600\sim2000kg/m^3$，岩石为 $1700\sim3000kg/m^3$。密度越大，土越密实，强度越高，压缩变形越小，挖掘就越困难。

2）土的天然含水量

在天然状态下，土中所含水的质量与土的固体颗粒质量之比，用 w 表示。

$$w = \frac{m_w}{m_s} \times 100\% \tag{1-8}$$

式中　m_w——土中水的质量，kg；

　　　m_s——土中固体颗粒的质量，kg。

3）土的干密度

单位体积内土的固体颗粒质量与总体积的比值，称为土的干密度，用 ρ_d 表示，计算公式为：

$$\rho_d = \frac{m_s}{V} \tag{1-9}$$

式中各符号的意义同前。

干密度越大，表明土越坚实，在土方填筑时，常以土的干密度控制土的夯实标准。

4）土的密实度

土的密实度是指土被固体颗粒所充实的程度，反映了土的紧密程度。同类土在不同状态下，其紧密程度也不同，密实度越大，土的承载能力越高。填土压实后，必须要达到要求的密实度，现行的《建筑地基基础设计规范》JGJ 79—2002 规定以设计规定的土的压实系数 λ_c 作为控制标准。

$$\lambda_c = \frac{\rho_d}{\rho_{dmax}} \tag{1-10}$$

式中　λ_c——土的压实系数；

　　　ρ_d——土的实际干密度；

　　ρ_{dmax}——土的最大干密度。

土的最大干密度用击实试验测定。

5）土的可松性

天然土经开挖后，其体积因松散而增加，虽经振动夯实，仍不能完全恢复到原来的体积，这种性质称为土的可松性。

土的可松性程度用可松性系数表示，即土开挖后的体积增加用最初可松性系数 K_s 表示，松土经夯实后的体积增加用最后可松性系数 K_s' 表示。

$$K_s = \frac{V_2}{V_1} \tag{1-11a}$$

$$K_s' = \frac{V_3}{V_1} \tag{1-11b}$$

式中　V_1——土在天然状态下的体积；

　　　V_2——土被挖出后在松散状态下的体积；

　　　V_3——土经压（夯）实后的体积。

在土石方工程中，K_s 是计算挖方工程量、运输工具数量和挖土机械生产率的重要参数；K_s' 是计算填方所需挖方工程量的重要参数。

6）土的渗透性

土的渗透性也叫透水性，是指土体透过水的能力。土的渗透性主要取决于土体的孔隙特征和水力坡度，不同的土其渗透性不同。水在土中渗流的速度与水力坡度成正比，根据达西定律，有：

$$v = K \cdot i \qquad\qquad (1\text{-}12)$$

式中　v——水在土中的渗流速度，m/d；

　　　i——水力坡度；

　　K——土的渗透系数，m/d。

一般用渗透系数 K 作为土的渗透性强弱的衡量指标。渗透系数 K 表示单位时间内水穿透土层的能力，单位是米/秒（m/s）、米/小时（m/h）、米/天（m/d）。渗透系数可以通过室内渗透试验或现场抽水试验测定。根据土的渗透系数不同，可将土分为透水性土（如砂土）和不透水性土（如黏土）。土的渗透系数影响施工降水与排水的速度，是计算水井出水量和降低地下水时的重要参数。

（2）土的物理机械特性

土的物理机械特性主要是指土对机器的反作用过程中表现出来的强度、变形及两者之间的关系（应力—应变关系）。

1）强度

土抵抗外力作用而使其自身不发生破坏的能力。土的机械强度如何，将决定一个铲土运输机械所遇到的铲掘阻力的大小，因而决定该机器在作业过程中能源消耗的多少；也决定着机械的结构重量、特征、零部件的强度和材质等。此外，还决定着机器在一定路面上的通过性和牵引能力。可见，强度是土的物理机械性能的一个重要方面。

2）变形

在外力作用下土的形态和体积的改变。土是由各种不同大小的颗粒所组成的，在颗粒之间存在着水、空气和其他杂质。土在外力作用下，将因为排除间隙中的这些存在物而发生变形。由于种种条件的限制，在同样外力的作用下，土的变形量可能很大，也可能很小。如果外力不去掉，形状或体积将可能随时间的推移而不断变化。

这里要强调的是，单纯讨论土的变形，并不能充分说明土的物理机械性能，而必须了解其应力—应变关系，关于土的应力—应变关系可借鉴土力学的理论和试验数据，在此不予赘述。

3. 铲土运输机械与土的关系

铲土运输机械是指利用切削装置在行走过程中切削或铲掘土，并能把所铲削的土运送到一定距离自行卸掉的机械。

铲土运输机械的作业对象，通常是地表层的砂、黏土、土砂杂草碎石的堆积物、各种建筑垃圾以及可以铲装的各种石料等，除了大块岩石之外，统称为"土"。

铲土运输机械与土的关系极为密切。这种关系所指的是：一方面是它们的行走机构（车轮或履带）与土的相互作用；另一方面是它们的工作装置（铲刀或铲斗），与土的相互作用。以推土机的作业情况为例来说明这种关系：土是推土机的支承物，不但要保证推土机不下陷，而且要给其履带提供足够的切向牵引力，使得铲刀能切削土壤，并将切下的土推移到指定地点。

铲土运输机械与土的这种关系决定了我们在使用铲土运输机械时必须考虑以下几个问题：

（1）土必须能够支承住推土机，使之不发生下陷，保证铲土运输机械有良好的通过性。所谓通过性反映的是机械的行走机构与土质条件之间矛盾的一个方面，不同的土质条件（坚实路面、松软路面等）要求特定参数和结构的行走机构与之相适应，否则，机器无法通过，甚至下陷，不能正常作业。

（2）充分发挥机器的牵引力。牵引力是土对行走机构的切向反力，是它们之间综合作用的结果，是土质的机械性质与行走机构的结构参数之间合理匹配的结果。例如在湿地作业时，推土机采用三角履带就比普通履带发挥大得多的牵引力，而且具有良好的通过性。

（3）合理选择工作装置的结构和参数，能够降低其切削（或铲掘）阻力，从而降低能耗。

无论是铲刀还是铲斗，在它们与土的相互作用过程中，存在着复杂的受力关系和运动关系，且两者之间相互影响。工作装置是最能代表工程机械特征的典型部件，它们的性能如何，直接标志着工程机械的作业效率和整机性能。

（三）土方工程量的计算方法

在土石方工程施工之前，必须计算土石方的工程量，但各种土石方工程的外形有时很复杂，而且不规则。一般情况下，都将其假设或划分成为一定的几何形状，并采用具有一定精度而又和实际情况近似的方法进行计算。

1. 基坑土方量的计算

基坑土方量可按立体几何中的拟柱体（由两个平行的平面做底的一种多面体）体积公式计算（图1-8），即：

$$V = \frac{H}{6}(A_1 + 4A_0 + A_2) \tag{1-13}$$

式中　H——基坑深度，m；

A_1、A_2——基坑上、下两底面积，m^2；

A_0——基坑中截面面积，m^2。

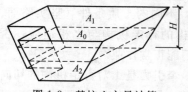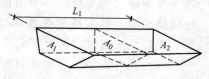

图1-8　基坑土方量计算　　　　图1-9　基槽土方量计算

2. 基槽土方量的计算

基槽土方量可以沿长度方向分段后，再用同样的方法计算（图1-9）：

$$V_1 = \frac{L_1}{6}(A_1 + 4A_0 + A_2) \qquad (1\text{-}14)$$

式中 V_1——第一段的土方量，m^3；

L_1——第一段的长度，m。

将各段土方量相加，即得总土方量：

$$V = V_1 + V_2 + \cdots + V_n \qquad (1\text{-}15)$$

式中 V_1、$V_2 \cdots V_n$——各分段的土方量，m^3。

（四）铲土运输机械的牵引性能参数

1. 铲土运输机械的典型工况

一般来说，铲土运输机械的工作过程有两种典型工况：牵引工况和运输工况。机器在牵引工况下工作时，需要克服铲土而引起的巨大工作阻力，因而要求机器能发挥强大的牵引力，此时机器通常采用低档工作。当机器在运输工况下工作时，它需克服的仅是数值不大的运动阻力，但速度较高，此时机器通常在高档工作。

机器依靠其行走机构与地面的相互作用所发挥的牵引力来完成作业过程的能力，称为机器的牵引性能。牵引性能反映了机器在牵引工况下的工作能力，它是铲土运输机械最基本的使用性能。

为了有效地完成牵引工况，必须使机器在低档工作时保证发动机的功率高效率地转换成作业有效牵引功率，并发挥出足够的有效牵引力，同时应尽可能地降低燃料的消耗。铲土运输机械的牵引性能和燃料经济性通常用机器的牵引特性来评价。

2. 牵引性能参数的基本概念

在对铲土运输机械进行牵引性能分析时，将涉及到车辆运动学和动力学方面的一系列参数。下面简单介绍几个重要的参数：

（1）滚动半径 r_g

车轮或履带在给定的地面上滚动一周所走过的距离 S 除以 2π。

$$r_g = \frac{S}{2\pi} \tag{1-16}$$

当车轮或履带在没有牵引负荷的情况下自由滚动时，可设想为一以 r_g 为半径的假想圆在节面上的纯滚动。r_{g0} 称为理论滚动半径。

$$r_{g0} = \frac{S_0}{2\pi} \tag{1-17}$$

式中　S_0——车轮或履带在没有牵引负带的条件下滚动一周所走过的距离；

r_{g0}——可认为近似地等于驱动轮的动力半径 r_{g0}。

（2）动力半径 r_d

驱动轮中心到切线牵引力的垂直距离。

（3）理论行驶速度 v_T

驱动轮角速度 ω_k 与理论滚动半径 r_{g0} 的乘积。

$$v_T = r_{g0}\omega_k \approx r_d\omega_k \tag{1-18}$$

（4）实际行驶速度 v

驱动轮角速度 ω_k 与滚动半径 r_g 的乘积。

$$v = r_g\omega_k \tag{1-19}$$

（5）外部行驶阻力（外部滚动阻力）$p_{f'}$

车辆（或行走元件）在地面上并沿着它运动时，由地面变形而形成的平行于地面的抵抗车辆行走的阻力。

（6）内部行驶阻力（内部滚动阻力）$p_{f'}$

车辆（或行走元件）在地面上并沿着它运动时，由行走机构各运动零件之间的内部摩擦损失以及行走元件自身的能量损失而形成的平行于地面的抵抗车辆行走的阻力。

（7）总行驶阻力（总滚动阻力）

外部行驶阻力与内部行驶阻力之和。

$$p_{\mathrm{f}} = p_{\mathrm{f}'} + p_{\mathrm{f}''} = fG \qquad (1\text{-}20)$$

式中　f——滚动阻力系数；

　　　G——机械的总重力。

（8）切线牵引力 p_{k}

牵引元件（车轮或履带）在驱动力矩 M_{k} 的作用下引起地面作用于牵引元件的平行于地面并沿着行驶方向的总推力，它在数值上等于驱动力矩 M_{k} 除以动力半径 r_{d}。

（9）牵引力 P

牵引元件在克服自身总行驶阻力 p_{f} 后输出的平行于地而并沿着行驶方向的推力。

（10）有效牵引力 P_{kp}

牵引元件在克服车辆总行驶阻力之 p_{f} 后可对外输出有效功的平行于地面并沿着行驶方向的推力。

在切线牵引力 p_{k}、牵引力 P 和有效牵引力 P_{kp} 之间存在着以下关系：

1）轮式机械：

$$P = P_{\mathrm{k}} - P_{\mathrm{t2}} \qquad (1\text{-}21)$$

$$P_{\mathrm{kp}} = P - P_{\mathrm{f1}} = P_{\mathrm{k}} - (P_{\mathrm{t1}} - P_{\mathrm{t2}}) = P_{\mathrm{k}} - P_{\mathrm{t}} \qquad (1\text{-}22)$$

2）履带式机械：

$$P = P_{\mathrm{k}} - P_{\mathrm{t}} \qquad (1\text{-}23)$$

$$P_{\mathrm{kp}} = P = P_{\mathrm{k}} - P_{\mathrm{t}} \qquad (1\text{-}24)$$

（11）牵引系数（相对牵引力）φ_{x}

牵引力 P 除以作用在牵引元件上的总重力（附着重力）G_{φ}，称为牵引系数。

$$\varphi_{\mathrm{x}} = \frac{P}{G_{\varphi}} \qquad (1\text{-}25)$$

（12）额定滑转率 δ_H

在额定工况（对铲土运输机械通常以最大生产率工况为额定工况）下的滑转率。

（13）额定牵引力 P_H

在额定滑转率下的牵引力。

（14）额定牵引系数 φ_H

在额定滑转率下的牵引系数。

除了上述参数以外，还有有效牵引功率、牵引效率、功率利用系数等参数，在此不予一一介绍。

（五）铲土运输机械的发展概况

铲土运输机械广泛应用于矿山、建筑、筑路、水利水电工程、铁路、机场、农林牧业和国防工程等领域，因而在工程机械中，土方工程机械发展较快，不论从产量或产值来看，都占有相当大的比例。

建国初期，国内铲土运输机械的生产尚属空白，至今已发展成品种齐全，型号众多的机种，其中一些主要机械的性能已接近国外先进水平，这个发展过程是经过由低级向高级，由仿制向自行设计，由小批量向批量生产，经历了测绘仿制、自行设计和系列化设计、引进技术提高水平及完善系列等几个主要发展阶段。

1. 仿制摸索阶段

（1）挖掘机

1955～1957 年间，由原抚顺重型机器厂按前苏联图纸仿制成斗容量 $0.5m^3$ 和 $1.0m^3$ 单斗挖掘机，并投入小批量生产。

（2）推土机

1958 年，由原天津建筑机械修配厂以前苏联 U271 型推土机为样机，试制成 80 马力的移山 80 型履带式推土机。

（3）铲运机

1962 年，由郑州、厦门等工程机械厂以美国 BBU 型拖式铲运机和 SuperC 型自行式铲运机为样机，仿制成 C3-6 型拖式铲运机和 6～8m³ 自行式铲运机。

（4）装载机

1959～1962 年，由上海港口机械厂测绘日本"龙生"轮胎式装载机，仿制成"红星"1m³ 轮胎式装载机。还有成都工程机械厂生产的机械履带式装载机 Z1-4 型（4t）等。

（5）平地机

1962 年，由天津工程机械厂对前苏联 Ⅱ144 型平地机进行测绘后，仿制成 P₁-90 型平地机。

以上这些产品都是仿制，由于样机本身属 20 世纪 30 年代产品，采用机械操纵，结构落后，性能差，加上各制造厂在仿制中都属少量制作，并以封闭式生产方式组织生产，几乎全部零部件都要自制，因而质量极差，使用后即暴露出不少问题。但它锻炼了队伍，开创了局面，为自行设计和批量生产打下了基础。

2. 自行研制阶段

在此期内，原有土方机械制造厂得到扩建，又新建和改建了一批土方机械制造厂，并确定了专业分工的制造方向，初步形成了土方机械的制造布局。由于生产能力和技术队伍的壮大，土方机械从仿制进入自行设计，并开始向液压操纵、液力传动的方向发展，加快了结构更新步伐，使土方机械产品的品种、型号迅速增加，如：推土机的年产量达到 3000 台，并自行设计制成 T180 型大马力推土机。对自行式铲运机由机械传动更新为液力机械传动，试制成 CL7 型，并投入批量生产。自行设计和批量生产结构合理的 ZL50 型轮胎式装载机，为发展 ZL 系列产品奠定了良好的基础。采用液压操纵的 160 马力 P₂-160 型平地机试制成功，淘汰了 P₁-90 型机械式平地机。另外，在挖掘机、压路机等领域也有了长足的发展。

3. 引进技术、合资合作发展阶段

十一届三中全会之后，在国家经委提出"引进国外先进技术改造现有企业"的奋斗目标后，土方机械几十个主要生产厂通过各种方式，引进国外先进技术和加工设备，并加以消化、吸收和国产化，使土方机械产品的结构、性能迅速改善和提高，出现了一批接近国外先进水平的产品。

（1）挖掘机

已形成由 0.1～4m³ 斗容量的系列，并都是采用液压传动。引进技术的机型基本上实现了国产化，高压变量系统已逐步取代了中压定量系统，部分产品质量已接近国外先进水平。近几年来，中外联营的挖掘机制造厂不断增多（如小松山推工程机械公司、合肥日立公司、徐州卡特彼勒公司等），进一步提高了挖掘机的生产水平。

（2）推土机

改革开放后的大规模基本建设中，国产推土机供不应求，成为土方机械中的薄弱环节。不得不大量进口，仅在 1978～1980 年间，就从日本小松进口推土机达 3330 台，其中大部分是 180 马力以上的。形势加速了引进技术自行制造的步伐，先后引进日本小松 D80A-18、D85A-18、D155-1、D60A、D65A，美国卡特彼勒 D6D、D7G 等机型的制造技术，使国产推土机技术性能迅速改善，至今除少量 80～100 马力的推土机外，大多已实现了液力、液压传动，并采用废气涡轮增压柴油机、液力变矩器、动力换档变速器、湿式多片粉末冶金摩擦离合器、浮动油封、密封润滑履带、转向和制动联动等新技术。当前，功率大于 120kW 的履带式推土机中，绝大多数采用液力-机械传动。这类推土机来源于引进日本小松制作所的 D155 型、D85 型、D65 型三种基本型推土机制造技术。国产化后，定型为 TY320 型、TY220 型、TY160 型基本型推土机。为了满足用户各种使用工况的需求，我国推土机生产厂家在以上三个基本型推土机的基础上，拓展了

产品品种，形成了三种系列的推土机。TY220 型推土机系列产品，包括 TSY220 型湿地推土机、TMY220 型沙漠推土机、TYG220 型高原推土机、TY220F 型森林伐木型推土机、TSY220H 型环卫推土机和 DG45 型吊管机等。TY320 型和 TY160 型系列推土机也在拓展类似的系列产品。TY160 系列中还有 TSY160L 型超湿地推土机和 TBY160 型推土机等。目前，国产推土机不论从产量或性能方面，基本上已能满足国内需要。

（3）铲运机

在土方机械生产中，铲运机是比较落后的机种，除 C3-6 型拖式铲运机产量较多外，自行式铲运机在 CL7 型的基础上，又研制成 CLY9 型，但产量极少。中外联营的徐州卡特彼勒公司生产的斗容量 10m³ 以上各种型号的自行式铲运机，是当前比较先进的机型。

（4）装载机

20 世纪 70 年代中期，我国装载机行业吸取国外先进技术，研制出铰接式装载机 ZL50（柳州工程机械厂生产），采用铰接式车架、低压宽基工程胎、液力机械传动、钳盘式制动、四轮转向、轮边减速驱动轿，且有悬挂装置，具有良好的越野性。油压由 16MPa 提到 20MPa，动力换挡变速箱，大大提高我国轮式装载机水平。

20 世纪 80 年代初期，由于生产厂的增加，装载机发展很快，年产量超过 2000 台，并形成系列，各型装载机主要部件结构形式相同，均采用双涡轮变矩器、行星动力换挡变速器、行星式轮边减速双驱动桥、钳盘式制动器、Z 型连杆机构工作装置、铰接式车架及低压宽基轮胎等，并统一各部件的结构形式，使相邻机型的零部件通用化程度不断提高，有利于发展专业化生产，使产品质量和生产能力提高较快。其中厦门工程机械厂引进美国卡特彼勒公司 980S 型轮胎式装载机制造技术，并获得该公司质量合格证书和生产许可证，主导产品已远销包括美国在内的 30 多个国家。

到目前为止，我国轮式装载机已经发展到了第三代，但最基本的结构仍然是由 Z450（ZL50）演变而来，以柳工和徐装的 ZL50G 型最具代表性，还有厦工的 XGL50 型、成工和山工的 ZL50F（G）型、常林的 ZLM50F 型等，除动力经济性、安全舒适性、节能降耗，作业效率、外观造型有很大的提高改进及各部结构选型采用了当代国内许多先进技术外，总的性能参数也有很大提高。

（5）平地机

平地机是土方工程中用于整形和平整作业的主要机械，广泛用于公路、机场等大面积的地面平整作业。尤其是近年来，由于国家加大对基础设施建设的投资力度，大力发展公路交通事业，从而带动了平地机市场的繁荣。通过技术引进、消化吸收、综合集成创新开发等渠道，使中国平地机制造业获得长足发展。

国内平地机主要生产厂天津中外建（原天津工程机械厂）在 P_2-160 型的基础上，相继生产出 PY160 型和 PY180 型。20 世纪 80 年代末，又引进德国平地机制造技术，先后生产出 F 系列 5 种型号产品，还引进卡特彼勒公司 16G 大型平地机的主要部件，生产出 PY250 型大型平地机，从而形成 82～186kW 7 种型号平地机的生产能力。"九五"末，特别是跨入 21 世纪，国内平地机行业的竞争日趋激烈，但同时也推动了平地机的技术创新和发展。目前国内平地机生产厂家有十余家，其中主要厂家有 7 家，分别是中外建、徐工、常林、哈尔滨四海、黄工、三一、成工等生产厂。中国平地机制造业通过技术引进、综合集成、技术创新，产品设计和制造水平有了较大提高。近年来，我国平地机走出国门参与国际市场竞争已初见成效，出口量也在逐年增加。

目前，国外平地机生产厂以美国卡特公司、瑞典 VOLVO 公司、日本小松以及德国 O&K 公司生产的平地机最为著名。它们均代表了国际当代平地机最高水平。其主要技术有：铰接式机架、动力换挡、后桥带自锁差速器、可调整操纵台，ROPS 驾驶室、电子监控、自动调平、全轮驱动等技术，产品可靠性高。

总的来说，我国土方机械制造业经历了从无到有，从小到大，从仿制到自行设计，进而达到系列化。特别是改革开放以来，通过引进技术、中外联营等手段，使土方机械的制造，不仅在产品系列、数量、质量等方面，而且在科研设计和制造工艺水平等方面，都能快速地向前迈进。新技术、新材料、新工艺的广泛应用，大大地缩短了和国外先进水平的差距，从而带动了整个工程机械的发展。

二、机 械 识 图

（一）投影的基本知识

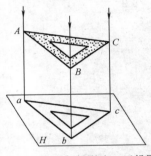

图 2-1　平行投影法—正投影

通常把空间物体的形状在平面上表达出来的方法称为投影法。投影法通常分为两大类：（1）中心投影法，即投影线从投影中心发出；（2）平行投影法，即投影中心移至无限远处，投影线互相平行，而投影线垂直投影面，与投影面平行的平面在投影面上得到的投影称为正投影，如图 2-1 所示。由于用正投影法可以获得物体的真实形状，且绘制方法也较简单，已成为机械制图投影的基本原理和方法。

（二）三　视　图

为了完全、准确地表达物体的形状，经常把物体放在三个互相垂直的平面组成的投影体系中，得到物体的三面投影。

1. 三视图的形成

（1）物体在三投影面体系中的投影。将物体放在三个互相垂直的投影面组成的三投影面体系中，如图 2-2 所示。物体的下面是水平投影面，用 H 表示，简称 H 面。按正投影法向各投影面投影，物体在 H 面上的投影称为物体的水平投影；物体的后面有一个垂直于 H 面的投影面，为正投影面，用 V 表示，简称 V 面，物体在 V 面上的投影称为物体的正面投影；物体的右边同时垂直于 H、V 面的投影面是侧面投影面，用 W 表示，简称 W 面，物体在 W 面上的投影称为物体的侧面投影。

（2）在机械制图中，通常把人的视线当作互相平行的投影线，物体的正面投影称为主视图，物体的水平投影称为俯视图，物体的侧面投影称为侧视图（或左视图），如图 2-2所示。在图中可见的轮廓线画成粗实线，不可见的轮廓线画成虚线。国家标准规定，正面投影保持不动，把 H 面向下转 90°，把 W 面向后转 90°，使主、俯、左视图位于同一平面上，即形成三视图。

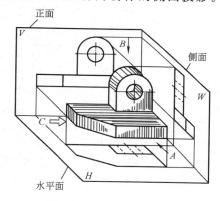

图 2-2　三视图示意图

2. 三视图的投影规律

三个视图的位置关系规定不能变动，三个视图的名称不必标出，三个投影面的线框不画，各视图之间的距离可根据具体情况而定。从物体的三视图可以看出（图 2-3）：

主视图确定了物体上、下、左、右四个不同部位，反映了物体的高度和长度；俯视图确定了物体前、后、左、右四个不同部位，反映了物体的宽度和长度；左视图确定了物体前、后、上、下四个不同部位，反映了物体的高度和宽度。

由此得出下列投影规律：主、俯视图长对正；主、左视图高平齐；俯、左视图宽相等。

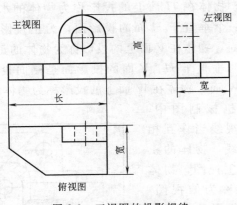

主视图 左视图

高

长 宽

宽

俯视图

图 2-3　三视图的投影规律

（三）截交线与相贯线

1. 截交线

截交线是主体被平面截切时，在其表面上产生的交线，它是平面（称为截平面）与立体表面的共有线，一定为闭合的平面图

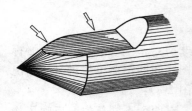

图 2-4　截交线

形（图 2-4）。因此，求截交线的实质就可归结为求截平面与立体表面的全部共有点的问题，当截平面垂直于某投影面时，可利用截平面的积聚性投影直接判定截交线在该投影面的投影范围，其余二投影，可由截交线已知的一

面投影出发，按在体表面上求点的方法求出，将求得的共有点的同面投影依次光滑地连接起来，即可得到所求截交线的投影。

2. 相贯线

相贯线是两立体表面相交所产生的交线，它是两立体表面的共有线（图 2-5）。因此，求相贯线的实质就可归结为求两立体表面的全部共有点问题。

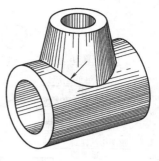

求共有点可用辅助平面法。即通常以投影面平行面作为辅助平面，使其同时截切两立体，则在两立体表面上必然各产生一组截交线，其交点即为所求。选择辅助平面的原则是，应使截交线的投影为直线或圆。

图 2-5　相贯线

（四）制图的一般规定

1. 图线及其画法（GB/T 17450—1998）

图纸中的图形是由各种图线构成的。GB/T 17450—1998 规定了各种图线的名称、形式、代号、宽度以及在图纸中的一般应用，见表 2-1。

图 线 规 格　　　　　　　　表 2-1

图线名称	图线形式及代号	图线宽度	应用举例
粗实线	————————	b	可见轮廓线
细实线	————————	约 $b/3$	尺寸线、尺寸界线、剖面线
波浪线	～～～～～	约 $b/3$	断裂处的边界线、视图和剖视的分界线
双折线	～〰〰～	约 $b/3$	断裂处的边界线
虚线	— — — — — —	约 $b/3$	不可见轮廓线
细点划线	—·—·—·—	约 $b/3$	轴线、对称中心线
粗点划线	——·——·——	b	有特殊要求的线或表面的表示线
双点划线	—··—··—··	约 $b/3$	相邻辅助零件的轮廓线、极限位置的轮廓线

33

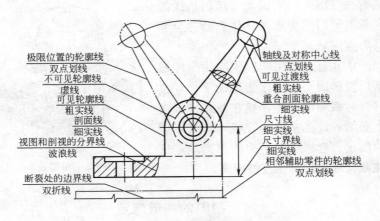

图 2-6　各种图线应用举例

2. 比例

图的比例是图样中图形与其实物的相应要素的线性尺寸之比。

需要按比例绘图时，应从 GB/T 14690—1993 规定的系列中选取适当的比例。规定的比例见表 2-2。

规定的比例		表 2-2
与实物相同	$1:1$	
缩小的比例	$1:1.5$　$1:2$　$1:2.5$　$1:3$　$1:4$　$1:5$ $1:10^n$　$1:2\times10^n$　$1:2.5\times10^n$　$1:5\times10^n$	
放大的比例	$2:1$　$2.5:1$　$4:1$　$5:1$　$(10\times n):1$	

注: n 为正整数。

为了从图上直接反映实物的大小，绘图时尽量采用 $1:1$ 的比例。但因各种机件的大小与结构千差万别，所画图形需根据实际情况放大或缩小。图形不论放大或缩小，在标注尺寸时，应按机件实际尺寸标注，与图形比例无关。

（五）装配图与零件图

1. 装配图概述

装配图是表达机器或部件的工作原理、结构形状和装配关系的图样。在设计过程中一般要先画出装配图，再根据装配图画出零件图；在生产过程中，装配图是进行装配、检验、安装及维修的重要技术资料。图 2-7 所示为柱塞泵的轴测图，图 2-8 为它的装配图。一张完整的装配图应有以下内容：

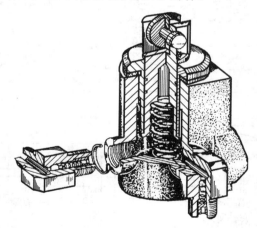

图 2-7 柱塞泵轴测图

（1）一组视图

一组视图是用以说明机器或部件的工作原理、结构特点、零件之间的装配连接关系及主要零件的结构形状。

（2）必要的尺寸

必要的尺寸是标注与机器或部件的性能、规格及装配安装等有关尺寸。

（3）技术要求

是用文字和符号指明机器或部件在装配、安装、检验及调试

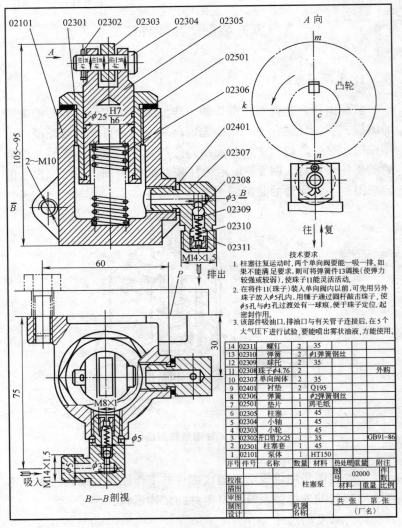

图 2-8　柱塞泵装配图

中应达到的要求。

（4）标题栏、明细表及零件序号

在装配图中，用标题栏填写部件的名称、图号、比例等，还需对每个零件编写序号，并在标题栏上方画出明细栏，然后按零件序号，自下向上详细列出每个零件的名称、数量、材料等。

2. 装配图表达方法

有关机件的各种表达方法都适用于装配图，但装配图还有其规定画法和特殊表达方法。

（1）规定画法

装配图中，对于连接件（螺钉、螺栓、螺母、垫圈、键销等）和实心件（轴、手柄、连杆等），当剖切面通过基本轴线或对称面时，这些零件按不剖处理。当需要表达零件局部结构（如键槽、销孔等）时，可采用局部剖视图。

相邻两个零件的接触面和配合面之间，规定只画一条轮廓线；相邻两个零件的非接触面，即使间隔很小，也必须画两条线。两个相邻接的零件在剖视图中的剖面线方向应该相反，或方向一致而间隔不等。

（2）特殊表达方法

1）沿零件的结合面剖切和拆卸画法。在装配图中，为了把装配体某部分零件表达的更清楚，可以假想沿某些零件的结合面进行剖切或假想把某些零件拆卸后绘制，拆卸后需要说明时可注上"拆去件××"。

2）零件的单独画法。在装配图中，可用视图、剖视图或剖面单独表达某个零件的结构形状，但必须在视图上方标注对应说明。

3）假想画法。在装配图上，当需要表达某些零件的运动范围和极限位置时，可用双点划线画出该零件在极限位置的外形图。当需要表达本部件与相邻部件的装配关系时，可用双点划线画出相邻部分的轮廓线。

4）简单画法。装配图中若干相同的零件组（如螺栓连接等），可仅详细地画出一组或几组，其余的以点划线表示中心位置即可。

装配图中的标准件，如滚动轴承的一边应用规定表示法，而另一边允许用交叉细实线表达；螺母上的曲线允许用直线替代简化；零件的圆角、倒角、退刀槽等工艺结构允许省略不画。剖面厚度小于 2mm 时，允许以涂黑来代替剖面线。

3. 装配图的尺寸标注

装配图的尺寸标注与零件图不同，在装配图中，只需标注下列几种尺寸。

（1）规格尺寸

说明机器（或部件）的规格性能的尺寸，它是设计产品的主要根据。

（2）外形尺寸

表示机器（或部件）的总长、总宽和总高尺寸。外形尺寸表明了机器（或部件）所占的空间大小，供包装、运输和安装时参考。

4. 零件图

零件图是表示零件结构、大小及技术要求的图样。机器或部件在制造过程中，首先根据零件图做生产前的准备工作，然后按照零件图中的内容要求进行加工制造、检验。它是组织生产的重要技术文件之一。零件图所表达的内容，由图 2-9 滑动轴承的轴承座零件图中可看出，有标题栏、图形、尺寸、技术要求（包括在图中用各种代号标注的应达到的技术指标；用文字说明的，不便在图中标注的技术要求等）。按这样的图纸所确定的内容进行生产，能够制造出符合设计要求的合格的产品。

5. 零件测绘

在生产中使用的零件图，其来源有二：一是根据设计而绘制出的图样；二是进行测绘而产生的图样。对零件以目测的方法绘制草图，然后进行测量，记入尺寸，提出技术要求，草图画成零

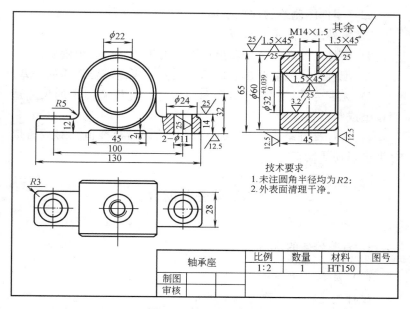

轴承座	比例	数量	材料	图号
	1:2	1	HT150	
制图				
审核				

技术要求
1. 未注圆角半径均为R2;
2. 外表面清理干净。

图 2-9　轴承座零件图

件图，这个过程称为零件测绘。

一张完整的零件草图必须具备零件图应有的全部内容，要求做到图形正确，尺寸完整，线型分明，字体工整，并注写出技术要求和标题栏中的相关内容。

（1）零件图测绘的方法

1）分析零件的名称、用途、作用、材料、热处理及表面处理状态，对零件进行结构分析和工艺分析，拟定零件的表达方案。

2）根据表达方案，徒手绘制零件草图，在图纸上定出各个视图的位置，目测比例，详细画出零件的内外形状，选择尺寸基准，然后测量零件的尺寸进行标注，注写表面粗糙度、形位公差等技术要求。

3）对零件草图进行审查校核后，按零件图的标准画零件工作图。

（2）零件图测绘的注意事项

1）零件的缺陷不应该画出。

2）零件因制造和装配需要而形成的工艺结构必须画出。

3）配合尺寸只要测出它的基准尺寸，再定配合性质的公差。

4）无配合关系的尺寸或不重要尺寸，允许将测定的尺寸适当调整成整数倍。

5）对标准件结构尺寸，应将测量结果与标准值核对后再取标准值以便于制造。

（六）公差与配合

1. 有关公差的术语

（1）基本尺寸

设计给定的尺寸称为基本尺寸。

（2）实际尺寸

通过测量所得的尺寸称为实际尺寸。

（3）极限尺寸

允许尺寸变化的两个极限值统称为极限尺寸。

（4）尺寸偏差（偏差）

某一尺寸减其基本尺寸所得的代数差称为偏差。

最大极限尺寸减其基本尺寸所得的代数差称为上偏差（以符号 ES 或 es 表示）；最小极限尺寸减其基本尺寸所得的代数差称为下偏差（以符号 EI 或 ei 表示）。因为极限尺寸可能大于、小于或等于基本尺寸，所以上偏差和下偏差的数值可能是正值、负值或零值。

上偏差与下偏差统称为极限偏差。用极限偏差标注图纸和制定表格比用极限尺寸显得方便。

由实际尺寸减其基本尺寸所得代数差称为实际偏差，只要实际偏差在上、下偏差范围内，零件的尺寸就算合格。公差与配合的示意图如图 2-10 所示。

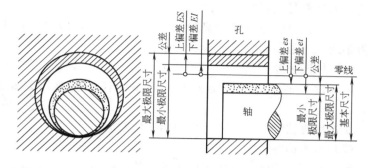

图 2-10　公差与配合的示意图

（5）尺寸公差（简称公差）

允许尺寸的变动量称为公差。

公差等寸等于最大极限尺寸与最小极限尺寸之代数差的绝对值，也等于上偏差与下偏差之代数差的绝对值。它是设计人员根据零件使用时的精度要求和考虑制造时的经济性，对尺寸变动范围的大小所给定的允许值。

对于一个具体尺寸，其公差愈大，则精度愈低，制造愈易；反之，公差愈小，精度愈高，制造则愈困难。由于公差的数值比其基本尺寸的数值小得多，图上没有用同一的比例画出。显然，其中公差部分被放大了，其实，如果仅是为了图示上述有关公差的术语，和下面将要叙述的有关配合的术语，以及这些术语之间的相互关系，可以不必画出孔与轴的全形，只要按照标准的规定将有关部分画出来，就能达到目的。这种图示的方法称为公差与配合图解。在公差与配合图解（简称公差带图见图 2-11）中，由代表上、下偏差的两条线段所限

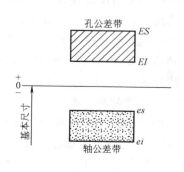

图 2-11　公差带图

定的一个区域称为公差带。用公差带图可以直观地分析、解算和表达有关公差与配合的问题。

另外，公差带图中确定偏差的一条基准直线，即零偏差线。称为零线。通常，零线表示基本尺寸。

（6）标准公差

国标规定的、用以确定公差带大小的任一公差称为标准公差。

在设计机器时，应尽可能采用标准公差值。

（7）基本偏差

用以确定公差带相对零线位置的上偏差或下偏差称为基本偏差。国标规定，一般以靠近零线的那个偏差作为基本偏差。

当公差带位于零线上方时，其基本偏差为下偏差；位于零线下方时，其基本偏差为上偏差；对称地位于零线上时，其上、下偏差中的任何一个都可作为基本偏差。

设计时，尽量采用标准表列的基本偏差值。

2. 有关配合的术语和定义

（1）配合

基本尺寸相同的、相互结合的孔和轴的公差带之间的关系称为配合。

国标对配合规定了两种基准制，即基孔制与基轴制。在一般情况下，优先采用基孔制。

基孔制是基本偏差为一定的孔的公差带，与不同基本偏差的轴的公差带形成各种配合的一种制度。基孔制的孔为基准孔（其代号为 H），其下偏差为零。

基轴制是基本偏差为一定的轴的公差带，与不同基本偏差的孔的公差带形成各种配合的一种制度。基轴制的轴为基准轴（其代号为 h），其上偏差为零。

按照孔、轴公差带相对位置的不同，两种基准制都可形成间隙配合、过盈配合及过渡配合三类。

（2）间隙配合

孔的尺寸减去相配合的轴的尺寸，所得的代数差值为正时称为间隙。此时孔的尺寸大于轴的尺寸。

具有间隙（包括最小间隙等于零）的配合称为间隙配合，如图 2-12 所示。

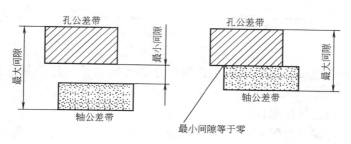

图 2-12　间隙配合

间隙配合时，孔的公差带在轴的公差带之上。任取其中一对孔与轴相配时因为孔、轴是有公差的，所以实际间隙的大小将随着孔和轴的实际尺寸而变化。

今以 $\phi 25^{+0.021}_{0}$ 的孔和 $\phi 25^{-0.007}_{-0.020}$ 的轴的配合为例来说明。因孔的最大极限尺寸等于 25.021mm，轴的最小极限尺寸等于 24.980mm，相减得最大间隙为 0.041mm。而孔的最小极限尺寸等于 25mm。轴的最大极限尺寸等于 24.993mm，相减得最小间隙为 0.007mm。

（3）过盈配合

孔的尺寸减去相配合的轴的尺寸，所得的代数差值为负时称为过盈。孔的尺寸具有过盈（包括最小过盈等于零）的配合叫做过盈配合。

过盈配合时，孔的公差带在轴的公差带之下。如图 2-13 所示。由于过盈的存在，将轴压入孔后不能发生相对运动，可承受一定的扭矩和轴向力。

实际过盈随着孔和轴的实际尺寸而变化。孔的最小极限尺寸减轴的最大极限尺寸的代数差值，称为最大过盈（Y_{max}）；孔的

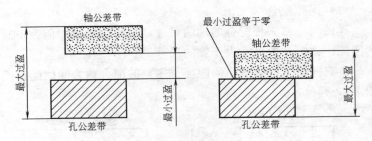

图 2-13　过盈配合

最大极限尺寸减轴的最小极限尺寸的代数差值，称为最小过盈（Y_{min}）。

（4）过渡配合

可能具有间隙或过盈的配合（见图 2-14），称为过渡配合。此时孔的公差带与轴的公差带相互交叠。

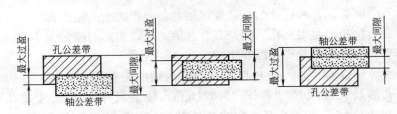

图 2-14　过渡配合

在过渡配合中，其配合的极限情况是最大间隙与最大过盈。最大间隙表示过渡配合中最松的状态；最大过盈表示过渡配合中最紧的状态。

（5）配合公差

配合公差是指允许间隙或过盈的变动量。

对间隙配合，配合公差等于最大间隙与最小间隙之代数差的绝对值；对过盈配合，等于最小过盈与最大过盈之代数差的绝对值；对过渡配合，等于最大间隙与最大过盈之代数差的绝对值。

配合公差的特性也可用配合公差带来表示。配合公差带的图

44

示方法，称为配合公差带图。如图 2-15 所示。配合公差表示出一批孔与轴相配合后，可能产生松紧不一致的程度。配合公差大即配合精度低；配合公差小即配合精度高。

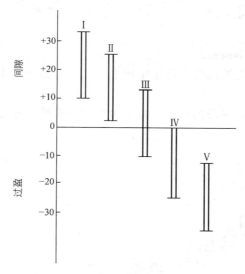

图 2-15 配合公差带

Ⅰ、Ⅱ—间隙配合；Ⅲ—过渡配合；Ⅳ、Ⅴ—过盈配合

3. 公差与配合的国家标准

公差与配合的国家标准（GB 1800～GB 1804）由"标准公差系列"与"基本偏差系列"组成。前者代表公差带的大小。后者代表公差带的位置。二者结合构成孔与轴的不同公差带，而配合则由孔、轴公差结合而成。

（1）标准公差

标准公差的代号用 IT 表示。设置标准公差的目的在于将公差带的大小加以标准化、确定尺寸精确程度的等级称为公差等级，公差等级用阿拉伯数字表示。标准公差分为 IT01、IT0、IT1 至 IT18 共 20 级。公差等级依次降低时则公差依次增大。标准公差是由公差等级系数和公差单位的乘积来决定的。公差单位是计算标准公差的基本单位，它是制订标准公差系列表的基础。与基本尺寸之间呈一定的相关关系。

各个等级的公差的分布有一定的规律，所以便于向高、低等级延伸，必要时还可插入中间（例如 IT6.5 等等）以满足特殊需要。

（2）基本偏差

基本偏差的代号用拉丁字母表示；大写为孔，小写为轴，各 28 个。

孔与轴同字母的基本偏差多数对称于零线（图 2-16）。

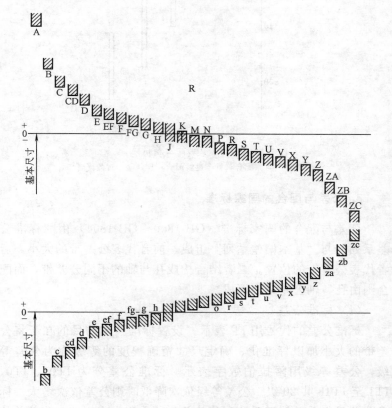

图 2-16　基本偏差系列

（3）公差带

国标对公差带的代号作了规定，孔、轴公差带代号用基本偏差代号与公差等级的数字组成。如 H8、F8、K7、P7 等为孔的公差带代号；h7、f7、k6 等为轴的公差带代号。此外，公差带也可用同时给出上、下偏差数值的形式表示。

由于公差等级决定公差带的大小，而基本偏差决定公差带的位置，因此，国标中任一级标准公差与任一种基本偏差可以构成一个具有一定大小与位置的公差带。当它与基准公差带结合时，就组成了某种基制、某种性质的配合。如果把所有标准公差与所有基本偏差加以组合，就能够得到大量大小与位置不同的公差带。这样多的公差带，为组成不同性质的配合提供了充分的选择余地。但是，这么多的公差带都可使用的话，将给刀具、量规的制造和管理等造成许多困难，显然是不经济的，因此有必要对公差带的选用加以限制。

对尺寸至 500mm 的孔、轴，国标规定的优先、常用和一般用途的公差带。一般用途的孔公差带有 105 种，常用的孔公差带49 种，优先公差带 13 种。而一般用途的轴公差带有 119 种，常用的轴公差带 59 种，优先公差带 13 种。有关优先、常用和一般用途孔与轴的极限偏差详见 GB 1801。

选用时，应首先考虑选用优先公差带，其次考虑常用公差带，再其次考虑一般用途公差带。

（4）配合

标准规定，用孔和轴的公差带号以分数形式组成配合的代号。其中，分子为孔公差代号，分母为轴公差带代号，如 $H8/f7$ 或 $\frac{H8}{f7}$。对于某一具体孔和轴的配合，尚需在配合代号前标明孔与轴的基本尺寸，如 $\phi 60\ H8/f7$ 或 $\phi 60\ \frac{H8}{f7}$。

国标在前述孔、轴公差带的基础上，规定了基孔制与基轴制的常用配合和优先配合。选用时，仍应首先选用优先配合。

（七）形 位 公 差

1. 要素

构成零件几何特征的点、线、面统称为要素。图 2-17 所示图样上组成零件图形的点、线、面是理想状态下没有几何误差的理想要素。

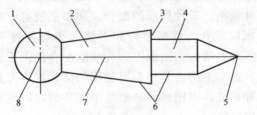

图 2-17　要素

1—球面；2—圆锥面；3—平面；4—圆柱面；
5—点；6—素线；7—轴线；8—球心

零件上实际存在的要素称为实际要素。测量时由测得要素来代表，由于存在着测量误差，所以它并非该要素的真实状况。

给出了形状或（和）位置公差的要素称为被测要素。由测量来判断其误差是否在公差范围内。被测要素按功能关系又可分为单一要素和关联要素两种：仅对其本身给出形状公差要求的要素称为单一要素；对其他要素有功能关系的要素称为关联要素。例如，给出一光轴圆柱面的圆柱度公差时，则此圆柱面是单一要素；给出此光轴的一端面与其轴线的垂直度公差时，则此端面与轴线都是被测关联要素。

用来确定被测要素方向或（和）位置的要素称为基准要素。它具有理想正确的几何形状，它是确定要素间几何关系的依据。

2. 理论正确尺寸

理论正确尺寸是确定被测要素的理想形状、方向、位置的尺寸。该尺寸不附带公差。

3. 形状和位置（形位）公差与公差带

当被测实际要素对其理想要素在形状方面进行比较时，如果被测实际要素与其理想要素处处重合，则被测实际要素的形位误差为零；如果形状有变不能处处重合，则表明被测实际要素存在着形状误差；形状公差是为了限制形状误差而设置的，它是一个给定值。国标规定：形状公差是单一实际要素的形状所允许的变动全量（零件的实际形状，对理想形状的允许变动量）。

位置误差是关联被测实际要素对其理想要素的变动量。位置公差是关联实际要素的位置对基准所允许的变动全量［零件的两个或两个以上的点、线、面之间的相互位置的实际加工情况对理想要求（基准）的允许变动量］，它也是一个给定值。位置公差按其功能可分为三类，即定向公差、定位公差和跳动公差。

定向公差是关联实际要素对基准在方向上允许的变动全量；跳动公差是关联实际要素绕基准轴线回转一周或连续回转时所允许的最大跳动量。

形状和位置公差带是用以限制实际要素变动的区域。区域的大小由公差值决定。显然，构成零件几何特征的实际要素必须在形位公差带内方为合格。反之，则为不合格。

4. 最大实体状态和最小实体状态

最大实体状态，是指实际要素在尺寸公差范围内，具有材料量最多时的状态。对轴指处于最大极限尺寸时的状态；对孔指处于最小极限尺寸时的状态。而实际要素在最大实体状态时的尺寸，又称为最大实体尺寸。对轴为最大极限尺寸；对孔为最小极限尺寸。

最小实体状态，是指实际要素在尺寸公差范围内，具有材料量最少时的状态。对轴指处于最小极限尺寸时的状态；对孔指处于最大极限尺寸时的状态。同样，实际要素在最小实体状态时的尺寸称为最小实体尺寸，对轴为最小极限尺寸；对孔为最大极限尺寸。

5. 形位公差的项目

国标《形状和位置公差　代号及其注法》（GB 182—80）规定的形位公差项目及符号见表 2-3。

（1）直线度。它是限制被测实际直线对理想直线变动量的一项指标，表征直线的形状精度。

（2）平面度。它是限制被测实际平面对理想平面变动量的一项指标，表征平面的形状精度。

（3）圆度。它是限制被测实际圆对理想圆变动量的一项指标。表征圆柱（锥）面的正截面和球体上通过球心的任一截面的形状精度。

（4）圆柱度。它是限制实际圆柱面对其理想圆柱面变动量的一项指标，表征圆柱面所有正截面和纵截面方向的综合性形状精度。因此，圆柱度公差可以同时控制圆度、素线直线度和两条素线平行度等项目的误差。

（5）线轮廓度。它是限制实际曲线对其理想曲线变动量的一项指标。表征零件上非圆曲线的形状精度。

（6）面轮廓度。它是限制实际曲面对其理想曲面变动量的一项指标。表征零件上曲面的形状精度。

（7）平行度。它是限制实际要素对基准在平行方向上变动量的一项指标。

（8）垂直度。它是限制实际要素对基准在垂直方向上变动量的一项指标。

（9）倾斜度。它是限制实际要素对基准在倾斜方向上变动量的一项指标。

（10）同轴度。它是限制被测轴线偏离基准轴线的一项指标。

（11）对称度。它是限制被测线、面的中心要素（中心平面或轴线）偏离和（或）偏斜基准线、面的中心要素的一项指标。

（12）位置度。它是限制被测要素实际位置对其理想位置变动量的一项指标（零件加工后零件上的点、线、面偏离理想位置的程度）。

（13）圆跳动。它控制的是任意测量面上单个被测要素相对于基准要素的跳动量。它的公差是关联实际要素绕基准轴线回转一周时所允许的最大跳动量。

（14）全跳动。它控制的是整个被测要素相对于基准要素的跳动总量。其公差是形体绕基准轴线作无轴向移动连续多周旋转，同时，指示表作平行或垂直于基准轴线的直线移动时，在整个被测表面上所允许的最大跳动量。

有关各形状和位置公差带的定义和示例详见《形状和位置公差术语及定义》。

6. 表面粗糙度

经过加工所得的零件表面，总会存在着许多高低不平的较小峰谷。具有这种峰谷特征的形状误差，属于表面微观性质的形状误差。它与表面宏观形状误差以及表面波形误差有所区别，它们从量上可按相邻两波的峰间（或谷间）距离加以区别：波距一般在 1mm 以下者属于表面粗糙度；波距在 1～10mm 之间者属于表面波度；波距在 10mm 以上者属于形状误差。

三、电 工 基 础

（一）直 流 电 路

1. 电路及基本物理量

（1）电流

电荷的定向移动就形成了电流。

习惯上规定以正电荷定向移动的方向为电流方向，实际上在金属导体中电流的方向与自由电子定向移动的方向相反。电流可以分为直流电流和交流电流。凡方向不随时间变化的电流称为直流电流；凡大小和方向都随时间作周期性变化的电流称为交流电流或交变电流。

电流的大小用电流强度表示，简称电流，用字母 I 表示。设在单位时间内通过导体横截面的电量为 Q，则电流强度的数学表达式为：

$$I = \frac{Q}{t} \tag{3-1}$$

电量 Q 的单位为库仑，电流强度 I 的单位为安培（A）。

（2）电阻

电流在导体中流动时遇到的阻碍作用称为电阻（R）。在一定温度下，均匀导体的电阻与导体的长度成正比，与导体的截面积成反比，还与组成导体的材料性质有关。其关系用公式表示如下：

$$R = \rho \cdot \frac{L}{S} \qquad (3-2)$$

式中　L——导体长度，m；

　　　S——导体横截面积，mm^2；

　　　ρ——导体电阻系数，$\Omega \cdot mm^2/m$，大小取决于材料。

R 的单位是欧姆（Ω）、千欧（$k\Omega$）或兆欧（$m\Omega$）。

（3）电源、电动势和电压

电源是把其他形式的能量转换为电能的设备，如发电机、电池等。电源的两端分别积聚着正电荷和负电荷，具有向外提供电能的能力。

电源具有电动势（E），电动势是表示电源供电能力的物理量。电动势的方向规定为从负极指向正极，由低电压指向高电压，且仅存于电源内部。

电流流过负载时，在负载两端测得的电压又称负载电压降（U）。U 的方向规定从正极指向负极。

电动势 E 和电压降 U 的主单位都是伏特（V），常用单位还有千伏（kV）、毫伏（mV）和微伏（μV）。

（4）电路

电流经过的路径称为电路。最基本的电路由电源、负载和连接导线组成。电路分为外电路和内电路。从电源一端经负载回到另一端的电路称为外电路；电源内部的通路称为内电路。

2. 欧姆定律

（1）部分电路的欧姆定律

不含电源的电路称为无源电路。设一个电阻 R 上的电压降（电压）为 U，其中流过的电流为 I，则三者之间的关系为：

$$U = IR \qquad (3-3)$$

（2）全电路欧姆定律

含有电源的闭合电路称为全电路，如图 3-1 所示。

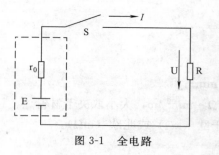

图 3-1　全电路

电源除了具有电动势外，还具有电阻，称为内电阻，用 r_0 表示。当开关闭合时，负载 R 中有电流通过。电动势 E、内电阻 r_0、负载 R 和电流 I 之间的关系为：

$$I = \frac{E}{R + r_0} \qquad (3-4)$$

此公式称为全电路欧姆定律。全电路欧姆定律还可以写成：

$$E = IR + Ir_0 = U + U_0 \qquad (3-5)$$

式中，$U = IR$ 称为电源的端电压；$U_0 = Ir_0$ 称为电源的内压降。

3. 电功率

电源单位时间内对负载做的功称为电功率（P），P 的计算公式为：

$$P = UI \qquad (3-6)$$

电功率的单位为瓦特（W）、千瓦（kW）或毫瓦（mW）。

（二）复杂电路分析

1. 电阻的串联、并联的等效电阻分析

（1）串联电路

电阻串联（图 3-2a）时等效电阻等于各串联电阻之和，即：

$$R = R_1 + R_2 + R_3 \qquad (3-7)$$

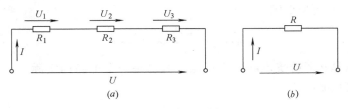

图 3-2　串联电路

（a）电路图；（b）等效图

电路可以用图 3-2（b）来等效替代。

（2）并联电路

电阻并联（图 3-3a），等效电阻比每一个电阻都小，其倒数等于各电阻倒数之和，即：

$$\frac{1}{R} = \frac{1}{R_1} + \frac{1}{R_2} + \frac{1}{R_3} \tag{3-8}$$

电路可以用图 3-3（b）来等效替代。若有 n 个相同的电阻 R_0 并联在一起，则等效电阻 $R = R_0/n$。

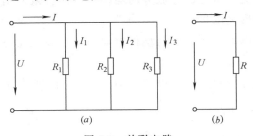

图 3-3　并联电路

（a）电路图；（b）等效图

2. 基尔霍夫定律及应用

基尔霍夫定律包括第一定律和第二定律。它们是分析计算复杂电路不可缺少的基本定律。

3. 基尔霍夫第一定律（节点电流定律）

对任一节点来说，流入（或流出）该节点电流的代数和等于零。其表达式为：

$$\sum I = 0 \text{ 或 } \sum I_\text{入} = \sum I_\text{出} \tag{3-9}$$

节点是多条分支电路的交汇点，可以是一个电路的实际交汇点，也可以是一个假想点。

4. 基尔霍夫第二定律（回路电压定律）

在电路的任何闭合回路中，沿一定方向绕行一周，各段电压的代数和等于零，即：

$$\sum U = 0 \text{ 或 } \sum E = \sum IR \tag{3-10}$$

对于第二个表达式中各电动势和电压的正负确定方法如下：

（1）首先选定各支路电流的正方向。

（2）任意选定沿回路的绕行方向（顺时针或逆时针）。

（3）若流过电阻的电流方向与绕行方向一致，则该电阻上的压降为正，反之取负。

（4）若电动势的方向与绕行方向一致，该电动势取正，反之取负。

按上述方法及步骤，可列出图 3-4 电路的回路方程，即：

$$E_1 - E_2 = I_1 R_1 - I_2 R_2 - I_3 R_3 + I_4 R_4 \tag{3-11}$$

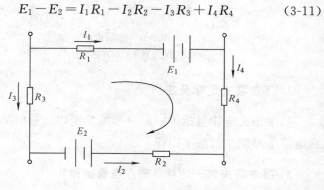

图 3-4　基尔霍夫第二定律

（三）正弦交流电、三相交流电的基本概念

1. 交流电的基本概念

大小和方向均随时间作周期性变化的电流叫交流电。交流电又可分为正弦交流电和非正弦交流电两类。正弦交流电是指按正弦规律变化的交流电。工程上用的一般都是正弦交流电。

（1）正弦交流电的最大值

交流电在变化中出现的最大瞬时值称为最大值（或称峰值、振幅值）。分别用大写字母 E_m、U_m、I_m 表示。最大值有正有负，习惯上都以绝对值表示，最大值是正弦交流电的三要素之一。

（2）周期和频率

交流电每完成一次循环所需要的时间称为周期，用字母 T 表示，单位为秒（s）。

交流电在 1s 内重复变化的次数称为频率。用字母 f 表示，单位为赫兹（Hz）。我国使用的正弦交流电频率为 50Hz，周期为 0.02s。习惯上将 50Hz 称为工频。

周期和频率互为倒数，即：

$$T=\frac{1}{f} \text{ 或 } f=\frac{1}{T} \tag{3-12}$$

角频率（又称角速度）：是指交流电在 1s 内变化的角度，用字母 ω 表示，即：

$$\omega=\frac{\alpha}{t} \tag{3-13}$$

单位为弧度/秒（rad/s）。

周期、频率、角频率都是反映交流电变化的快慢，称为正弦交流电的三要素之一。

（3）初相角和相位差

把线圈刚开始转动瞬时（$t=0$ 时）正弦交流电的相位角称为初相角，也称初相位或初相，用 φ 表示。初相角也是正弦交流电的三要素之一。正弦交流电表达式：

$$e=E_m\sin(\omega t+\varphi) \qquad (3\text{-}14)$$

式中 　$(\omega t+\varphi)$——相位；

　　　　φ——初相角（初相位）。

两个同频率正弦交流电的相位之差为相位差。实际即为初相位之差。

由公式（3-14）知，当正弦交流电的最大值 E_m、角频率（或频率 f 或周期 T）ω 和初相角确定后，该正弦交流电的变化情况就可完全确定，通常称这三个量为正弦交流电的三要素。

2. 三相交流电的基本概念

（1）三相交流电的定义及优点

通常把三相电动势、电压和电流统称为三相交流电。三相对称交流电动势是指同时作用有三个大小相等、频率相同、初相角互差 120°的电动势。

三相交流电的优点有：

1）远距离输电时比单相能节约铜 25%。

2）三相发电机和变压器的结构和制造不复杂，但性能优良可靠，维护方便。

3）三相交流电动机比单相电动机和直流电动机结构简单，坚固耐用，维护使用方便，运转平稳。

（2）三相交流电动势的产生

三相交流电动势由三相交流发电机（图 3-5）产生，经三相输电线输送到各地的对称电源。三相交流发电机主要由转子和定子构成。转子是电磁铁，其磁极表面的磁场按正弦规律分布，定子中嵌有三个彼此相隔 120°、匝数与几何尺寸相同的线圈，各

线圈的起端分别用 A、B、C 表
示，末端分别用 X、Y、Z 表
示，并把三个线圈分别称为 A
相线圈、B 相线圈和 C 相线圈。

当原动机带动转子作顺时
针方向转动时，就相当于各线
圈作逆时针方向转动切割磁力
线而产生感应电动势，每个线
圈中产生的感应电动势分别为
e_A、e_B、e_C，由于各线圈结构
相同，空间位置互差 120°，因

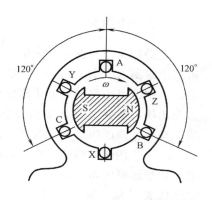

图 3-5　三相发电机原理图

此，三个电动势的最大值和频率相同，而初相互差 120°，若以 A
相为参考正弦量，则可得它们的瞬时表达式为：

$$e_A = E_m \sin\omega t \qquad\qquad (3\text{-}15a)$$

$$e_B = E_m \sin(\omega t - 120°) \qquad\qquad (3\text{-}15b)$$

$$e_C = E_m \sin(\omega t + 120°) \qquad\qquad (3\text{-}15c)$$

波形图和矢量图如图 3-6 所示，通常把它们称为对称三相交
流电动势，并规定每相电动势的正方向为从线圈的末端指向
始端。

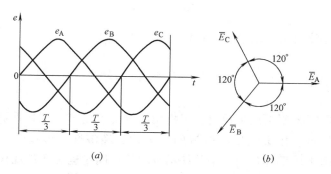

图 3-6　三相交流电的波形图和相量图
（a）波形图；（b）矢量图

3. 三相四线制

它是目前低压供电系统中采用最多的供电方式，它是把发电机三个线圈末端 X、Y、Z 连成一点，称为中性点，用符号 O 表示。从中性点引出的输电线称为中性线，简称中线。中线通常与大地相接，把接大地的中性点称为零点，接地的中性线称为零线。有中性线的叫三相四线制；无中性线的叫三相三线制。

从三个线圈始端 A、B、C 引出的输电线称为端线，俗称火线。四根输电线常用颜色区分：黄色代表 A 相、绿色代表 B 相、红色代表 C 相，黑色（或白色）代表零线。三相电动势达到最大值的先后次序叫相序。正序为 A-B-C-A；反之为逆序。

三相四线制有相电压和线电压两种电压：

（1）相电压

端线与中线间的电压，其有效值分别以 U_A、U_B、U_C，泛指相电压用 $U_相$ 表示。

（2）线电压

任意两相端线之间的电压，其有效值分别用 U_{AB}、U_{BC}、U_{CA} 表示，泛指线电压用 $U_线$ 表示。线电压与相电压的关系式为：

$$U_线 = \sqrt{3} U_相$$

必须指出，线电压的相位超前相电压 $30°$。

（四）电子控制系统

电子控制系统是现代工程机械的重要组成部分，其质量与性能的优劣直接影响工程机械的动力性、经济性、可靠性、安全性、施工质量、月产效率及使用寿命等，同时也是评价现代工程机械技术水平高低的一个重要依据。随着科学技术（尤其是传感器技术、计算机技术、测控技术）的不断发展及对产品性能要求的不断提高，工程机械企业竞争的加剧，电子控制系统在工程机械中所占的比重将会越来越大，其功能将会越来越强，应用范围也将越来越广，而其复杂程度也将随之提高。

现代工程施工要求工程机械具有以下性能：生产效率高；自动化程度高；施工质量好；性能稳定，工作可靠，安全使用寿命长；具有较好的经济性；具有运行状态监测、故障自诊断及自动报警功能；人机性能好，有害排放物（噪声、废气、废液等）尽量少。为满足上述要求，仅依靠机械和液压技术的进步已显得力不从心，电子控制技术的发展及其在工程机械上的应用，为工程机械技术的发展注入了新鲜的血液。

机电一体化作为一项高新技术，将其引入到工程机械中，为工程机械带来了新的技术变革，使其各种性能有了质的飞跃。机电一体化技术从 20 世纪 70 年代中期开始在国外工程机械上得到应用。80 年代以微电子技术为核心的高新技术的兴起，推动了工程机械制造技术的迅速发展，使工程机械进入了一个全新的发展阶段，以微机或微处理为核心的电子控制系统目前在国外工程机械上的应用已相当普及，并已成为高性能工程机械不可缺少的组成部分。工程机械的机电一体化和智能化将是今后的重要发展方向。

目前工程机械的电子（微机）控制系统主要用以实现如下功能：

（1）电子监控、自动报警及故障自诊断。

（2）节能降耗，提高生产率。

（3）实现柴油机的控制，如电子调速器、电子油门控制装置、自动停机装置、自动升温控制装置等。

（4）提高作业精度。

（5）实现作业过程的自动化或半自动化。

（6）一些国外生产的推土机、装载机、铲运机等采用了电子控制自动变速箱，它能够根据外负荷的变化情况自动改变传动系统的传动比。这不仅充分利用了发动机功率，提高了燃油经济性，而且简化了操作，降低了劳动强度。为有效防止翻车和断臂事故，提高作业的安全性，现代起重机上广泛采用了电子（微机）控制力矩限制器。为实现无人驾驶，使工程机械能在危险地带或人无法接近的地点进行作业，某些国外工程机械上设置了无线遥控装置。

电子控制系统的可靠性是现代工程机械非常重要的一项性能指标。电子控制系统应满足下列条件：能在$-40\sim-80℃$的环境温度下可靠、稳定地工作；抗老化，具有较长的使用寿命；密封性能好，能防止水分和污物的侵入；有较好的耐冲击和抗折性能；有较强的抗干扰能力，系统能在各种干扰下可靠地工作。

以微处理器或微型计算机为核心的电子控制系统通常都还具有故障自诊功能，工作过程中，控制器能不断地检测和判断各主要组成元件工作是否正常，一旦发现异常，控制器通常以故障码的形式向驾驶员指出故障部位，从而可方便准确地查出所出现的故障。

四、电 气 基 础

（一）电气控制原理图

1. 机械设备电气图、接线图的构成及作用

（1）机械设备电气图的构成

机械设备电气图由电气控制原理图、电气装置位置图、电器元件布局图、接线图等组成。电气控制原理图一般分为电源电路、主电路、控制电路、信号电路及照明电路。

（2）接线图的组成

接线图由单元接线图、互连接线图和端子接线图组成。

（3）作用

主要用于安装接线、线路检查、线路维修和故障处理等。在实际应用中，常将电路原理图、位置图和接线图一起使用。

2. 电气控制原理图的绘制及识读方法

绘制和识读电气控制原理图应遵循以下原则：

（1）原理图一般分电源电路、主电路、控制电路、信号电路及照明电路。

电源电路画成水平线，三相交流电源相序 L1、L2、L3 由上而下依次排列画出，中线 N 和保护地线 PE 画在相线之下。直流电源则正端在上、负端在下画出。电源开关要水平画出。

主电路是指受电的动力装置及保护电路，它通过的是电动机的工作电流，电流较大。主电路要垂直电源电路画在原理图的

左侧。

控制电路是指控制主电路工作状态的电路。信号电路是指显示主电路工作状态的电路。照明电路是指实现机械设备局部照明的电路。这些电路通过的电流都较小，画原理图时，控制电路、信号电路、照明电路要跨接两相电源之间，依次画在主电路的右侧，且电路中的耗能元件要画在电路的下方，而电器的触头要画在耗能元件的上方。

（2）原理图中，各电器的触头位置都按电路未通电或电器未受外力作用时的常态位置画出。分析原理时，应从触头的常态位置出发。

（3）原理图中，各电器元件不画实际的外接图，而采用国家规定的统一国标符号画出。

（4）原理图中，同一电器的各元件不按它们的实际位置画在一起，而是按其在线路中所起作用分画在不同电路中，但它们的动作却是相互关联的，必须标以相同的文字符号。图中相同的文字符号多时，需要在电器文字符号后面加上数字以示区别。

（5）原理图中，对有直接接电联系的交叉导线接点，要用小黑圆点表示；无直接接电联系的交叉导线连接点不画小黑圆点。

（二）柴 油 机

1. 内燃机工作原理和分类

内燃机是工程机械主要动力装置之一。它是把燃料和空气混合成可燃混合气，并在气缸内部燃烧将热能转变为机械能的热力发动机。工程机械所采用的内燃机，通过活塞在气缸内往复运动将热能转换为机械能，并把活塞的往复直线运动转换为曲轴的旋转运动，通常把这种内燃机称为往复活塞式发动机。

一般内燃机按所用燃料不同，分为汽油机、柴油机和燃气机；按一个工作循环的行程数目分为四行程和二行程内燃机；按气缸数目不同分为单缸和多缸内燃机；按冷却方式不同分为水冷式和风冷式内燃机；按着火方式不同分为点燃式内燃机和压燃式内燃机。

2. 内燃机常用术语

（1）上止点、下止点和行程

如图 4-1 所示，活塞在气缸内往复运动的两个极限位置称为止点。活塞顶离曲轴中心最远的位置称为上止点。活塞顶离曲轴中心最近的位置称为下止点。上、下止点间的距离称为行程，也可称为冲程，用 S 表示。活塞的行程等于两倍的曲柄半径，即 $S=2R$。

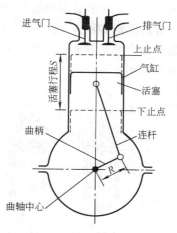

图 4-1 内燃机示意图

（2）气缸容积和排量

气缸容积具体划分为气缸工作容积、燃烧室容积和气缸总容积。如图 4-1 所示，从活塞上止点至活塞下止点间的气缸容积称为气缸工作容积，用 V_h 表示。

当活塞位于下止点时，活塞顶上部的全部气缸容积称为气缸总容积，用 V_a 表示。当活塞由下止点运动到上止点时，活塞顶以上的气缸容积称为燃烧室容积，用 V_c 表示。

（3）压缩比

气缸总容积与燃烧室容积的比值称为压缩比，用 ε 表示。

$$\varepsilon=\frac{V_a}{V_c}=\frac{V_c+V_h}{V_c}=1+\frac{V_h}{V_c} \tag{4-1}$$

压缩比越大，在压缩终了时混合气的压力和温度便越高，燃烧速度也越快，因而内燃机发出的功率也越大，经济性就越好。

但当汽油机压缩比过大时，不仅不能进一步改善燃烧条件，反而会出现爆燃和表面点火等不正常现象，因而汽油机的压缩比较低。一般装载质量 7t 以上的货车及工程机械大多采用柴油机。

3. 四行程柴油机的工作过程

四行程柴油机的一个完整的工作循环包括进气、压缩、作功和排气四个行程，图 4-2 为单缸四行程柴油机的工作过程示意图。图 4-3 为单缸四行程柴油机缸内压力 p 和相应于活塞在不同位置的气缸容积 V 之间的变化关系曲线。由于它所包围的面积为单缸内燃机在整个工作循环中气体在气缸内所作的功，因而称为示功图。

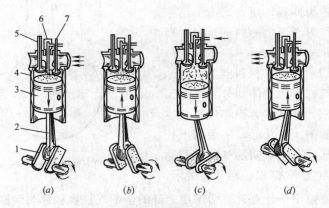

图 4-2　单缸四行程柴油机工作过程示意图

(*a*) 进气；(*b*) 压缩；(*c*) 作功；(*d*) 排气

1—曲轴；2—连杆；3—活塞；4—气缸；

5—排气门；6—喷油嘴；7—进气门

(1) 进气行程

如图 4-2 (*a*) 所示，活塞依靠曲轴飞轮旋转惯性的带动，从上止点向下止点移动。此时排气门关闭，进气门打开。随着活塞下行，气缸容积不断增大，缸内形成真空抽吸作用。当缸内压力低于大气压 P_0 后，新鲜空气经空气滤清器从进气管进入气缸。由于进气系统的阻力，气缸内气体压力在进气终了时为 $78 \sim 91$kPa，温度为 $50 \sim 70$℃。图 4-3 中的曲线 r-a 表示进气行程中气缸内气体压力随气缸容积变化的情况。

（2）压缩行程

如图 4-2（b）所示，活塞仍靠曲轴飞轮旋转的惯性从下止点向上止点移动。此时进、排气门均关闭。随着活塞的向上移动，气缸容积逐渐减小，气缸内的空气被压缩，其压力和温度随之升高。压缩终了时气缸内气体压力可达 $2940 \sim 4420$kPa，温度为 $500 \sim 700$℃。为喷入

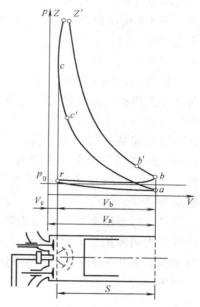

图 4-3　单缸四行程柴油机示意图

的柴油自行着火燃烧创造了有利的条件。图 4-3 中的曲线 a-c'-c 表示压缩行程中气缸容积与压力的变化情况。

（3）作功行程

如图 4-2（c）所示，压缩终了时，柴油经喷油器在高压下被喷入气缸。喷入气缸的雾化的细小油粒在高温和高速气流中很快被蒸发，与空气混合成可燃混合气，并在高温高压下自行着火燃烧，放出大量热能。由于进、排气门在作功行程中处于关闭状态，混合气燃烧产生的热能使气体膨胀进而推动活塞从上止点向下止点移动，通过连杆带动曲轴旋转，从而实现将燃料的热能转换成机械能。

作功行程中气缸内气体压力可以高达 $5900 \sim 8800$kPa，温度可达 $1500 \sim 2000$℃。随着活塞下移，热能转换成机械能，气缸内的温度和压力也逐渐下降。当活塞到达下止点时，做功行程结

束，此时气缸内气体温度降至 $700\sim900℃$，压力降至 $300kPa$ 左右。图 4-3 中的曲线 c-z-z'-b 表示做功行程中气缸容积与压力的变化情况。

（4）排气行程

如图 4-2（d）所示，活塞依靠飞轮旋转的惯性，从下止点向上止点移动。这时排气门打开，进气门仍关闭。由于燃烧后的废气压力高于外界大气压力，因而废气受到压差作用和活塞上行的排挤迅速从排气门排出气缸。图 4-3 中的曲线 b-r 表示排气行程中气缸容积与压力的变化情况。当排气终了活塞到达上止点时，气缸内废气压力略高于大气压力 P_o，约为 $103\sim105kPa$，温度为 $300\sim500℃$。

排气行程结束后，曲轴依靠飞轮的惯性继续旋转，上述的四行程又周而复始地重复进行。上述四行程中每一行程，曲轴转角为 $180°$，其中只有一个行程是作功的，其余三个行程则是作功的准备行程。

（三）电 动 机

1. 电动机

电动机也是工程机械主要动力装置之一。它是将电能转换成机械能的电力发动机。电动机体积小、重量轻、经济性好，所以，凡是在有电源的地方固定使用或在轨道上移距短而移速慢的工程机械均用电动机作为动力装置。电动机按其所用电源的不同，分为直流电动机和交流电动机两大类。

（1）直流电动机

直流电动机的主要特点是调速性能好、过载能力强，既可作为电动机使用，又可被另外的动力装置拖动作为直流发电机使用。

1）基本构造

直流电动机由定子和电枢两大部分组成。定子包括主磁极、换向磁极、机座、电刷装置等；电枢包括电枢铁心、电枢绕组、换向器及转轴、风扇等。

2）基本工作原理

直流电动机的基本工作原理是通电导体受磁场的作用力而使电枢旋转。通过换向器，使直流电动机获得单方向的电磁转矩；通过换向片使处于磁极下不同位置的电枢导体串联起来，使其电磁转矩相叠加而获得几乎恒定不变的电磁转矩。

3）直流电动机型号和主要技术参数

直流电动机的型号和主要技术参数标在电动机座的铭牌上。技术参数主要包括：

型号：表示直流电动机系列、设计序号、规格代号等。

额定功率（kW）：指额定运行时转轴上允许输出的机械功率。

额定电压（V）：指额定运行时施加的电源电压。

额定电流（A）：指额定运行时取用的电流。

额定转速（r/min）：指额定运行时的转速。

额定温升（℃）：是指电动机发热部分允许超出周围环境温度的数值。

此外，铭牌上若注有"连续"、"短时"或"断续"的字样，则表示电动机在正常工况下的持续运转时间。

（2）交流电动机

交流电动机按其转子转速和定子磁场的转速关系分为异步电动机和同步电动机两大类。异步电动机工作时，转子的转速低于定子磁场转速，所以称异步。三相异步电动机在建筑工程机械中使用较多，其结构简单，制造、使用和维修方便，运行可靠以及重量轻、成本低的优点，但它的调速性能差，且影响电网的功率因数。下面主要介绍三相异步电动机的基本构造、原理和技术参数。

1）基本结构

三相异步电动机由定子和转子两大部分组成。定子主要由定子铁心、定子绕组和机座等组成，转子主要由转轴、转子铁心、转子绕组和风扇等组成。根据绕组结构分为笼型和绕线型两种。三相异步电动机在工程机械中常用 Y（鼠笼式转子）和 YZR（绕线式转子）两种系列。Y 系列三相异步电动机广泛应用在中小型施工机械上。YZR 系列三相异步电动机适用于驱动各种形式的起重机和挖掘机。

2）基本工作原理

对称三相定子绕组中通入对称三相正弦交流电，便产生旋转磁场。旋转磁场切割转子导体，便产生感应电动势和感应电流。感应电流一旦产生，便受到旋转磁场的作用，形成电磁转矩，转子便沿着旋转磁场的转向转动起来。

3）三相异步电动机型号和主要技术参数

① 额定功率（kW）：指电动机在额定运行情况下，从转子轴输出的机械功率。

② 额定电压（V）：指定子绕组正常工作时应加的线电压。

③ 转子、定子额定电流（A）：电动机在额定运行情况下，绕线式异步电动机的转子绕组中的电流为转子额定电流；定子绕组从电源取用的线电流为定子额定电流。

④ 额定转速（r/min）：指电动机在额定运行情况下，转子轴的转速。

⑤ 转子开路电压（V）：绕线式异步电动机定子绕组加额定电压，转子绕组在断开的情况下，滑环之间的电压，即转子绕组的线电压。

⑥ 负载持续率：指重复短时工作制下运转的电动机，其工作时间与一个工作周期所用时间之比。工作周期包括电动机工作时间和停止工作时间，Y 系列和 YZR 系列电动机的基本持续率为 40％。

三相异步电动机的主要技术参数还有额定功率因数、额定频率、最大转矩等。三相异步电动机分为 A、E、B、F、H、C 六个绝缘等级，Y 系列为 B 级，YZR 系列为 F 或 H 级。

2. 直流电动机故障及排除方法

（1）故障现象：电动机不能启动。

1）故障原因

① 线路中断；

② 启动时负载重；

③ 启动电流太小；

④ 电刷接触不良；

⑤ 电刷位置不对。

2）故障排除方法

① 检查线路、启动器接线完好；

② 移去过载部分；

③ 检查启动器是否合适；

④ 检查刷握弹簧是否松弛；

⑤ 调整刷杆座位置。

（2）故障现象：电动机转速不正常。

1）故障原因

① 电动机飞快旋转，且有剧烈火花；

② 电刷不在正常位置；

③ 电枢及励磁绕组短路；

④ 串励绕组接反。

2）故障排除方法

① 检查与励磁绕组启动器（或调速器）是否良好，内部是否断路；

② 按所列标记调整刷杆座位置；

③ 测量励磁绕组电阻，检查是否短路；

④ 互换串励绕组的两个出线。

（3）故障现象：电枢冒烟。

1）故障原因

① 过载；

② 换向器或转子绕组短路；

③ 定子、转子铁心相擦。

2）故障排除方法

① 立即恢复正常负载；

② 用毫伏表检是否短路，检查是否有金属切屑落入；

③ 检查电动机空气隙是否均匀，轴承是否磨损。

（4）故障现象：并励（带少量串励稳定绕组）电动机启动时反转，启动后又变为正转。

1）故障原因：串励稳定绕组接反。

2）故障排除方法：互换串励稳定绕组的两个出线。

3. 交流电动机故障及排除方法

三相异步电动机的故障一般分为电气故障和机械故障两种。机械故障主要发生在轴承、风叶、机壳、联轴器、端盖、轴承盖、转轴等处，电气故障主要发生在电刷、定子绕组和转子绕组等处。

（1）故障现象：通电后电动机不能启动，但无异样响声，也无异味和冒烟。

1）故障原因

① 电源未接通（至少两相长通）；

② 熔丝熔断（至少两相熔断）；

③ 过流继电器调得过小；

④ 控制设备接线错位。

2）故障排除方法

① 检查电源回路开关，熔丝、接线盒处是否有断点，修复；

② 检查熔丝型号、熔断原因，换新熔丝；

③ 调节继电器整定值和电动机配合；

④ 改正接线。

（2）故障现象：通电后电动机不转，有嗡嗡声。

1）故障原因

① 定子、转子绕组有断路（一相断线）或电源一相失电；

② 绕组引出线始末端接反或绕组内部接反；

③ 电源回路接点松动，接触电阻大；

④ 电动机负载过大或转子卡住；

⑤ 电源电压过低；

⑥ 轴承卡住。

2）故障排除方法

① 查明断点，予以修复；

② 检查绕组极性，判断绕组首末端是否正确；

③ 紧固松动的接线螺钉，用万用表判断各接头是否假接，予以修复；

④ 减载或查出并消除机械故障；

⑤ 检查是否把规定的△接法误接为 Y，是否由于电源导线过细使压降过大，予以纠正；

⑥ 重新装配使之灵活，更换合格油脂；

⑦ 修复轴承。

（3）故障现象：电动机空载电流不平衡，三相差大。

1）故障原因

① 重绕时，定子三相绕组匝数不相等；

② 绕组首尾端接错；

③ 电源电压不平衡；

④ 绕组存在匝间短路，绕组反接等故障。

2）故障排除方法

① 重新绕制定子绕组；

② 检查并纠正；

③ 测量电源电压，设法消除不平衡现象；

④ 消除绕组故障。

（4）故障现象：电动机空载或负载时，电流表指针不稳、摆动。

1）故障原因

① 笼型转子导条开焊或断条；

② 绕线型转子故障（一相断路）或电刷、集电环短路装置接触不良。

2）故障排除方法

① 查出断条予以修复或更换转子。

② 检查绕线转子回路并加以修复。

（5）故障现象：电动机运行时响声不正常，有异响。

1）故障原因

① 转子与定子绝缘低或槽楔相擦；

② 轴承磨损或油内有砂粒等异物；

③ 定子、转子铁心松动；

④ 轴承缺油；

⑤ 风道填塞或扇叶擦风扇罩；

⑥ 定子、转子铁心相擦；

⑦ 电源电压过高或不平衡；

⑧ 定子绕组错接或短路。

2）故障排除方法

① 修检绝缘，削低槽楔；

② 更换轴承或清洗轴承；

③ 检修定子、转子铁心；

④ 加油；

⑤ 清理风通，更新安装风扇罩；

⑥ 消除擦痕，必要时车小转子；

⑦ 检查并调整电源电压；

⑧ 消除定子绕组故障。

（6）故障现象：运动中电动机振动较大。

1）故障原因

① 由于磨损，轴承间隙过大；

② 气隙不均匀；

③ 转子不平衡；

④ 转轴弯曲；

⑤ 铁心变形或松动；

⑥ 联轴器皮带轮未校正；

⑦ 风扇不平衡；

⑧ 机壳或基础强度不够；

⑨ 电动机地脚螺钉松动；

⑩ 笼型转子开焊、断路，绕线转子断路；

⑪ 定子绕组故障。

2）故障排除方法

① 检修轴承，必要时更换；

② 调整气隙，使之均匀；

③ 校正转子动平衡；

④ 校直转轴；

⑤ 校正重叠铁心；

⑥ 重新校正，使之符合规定；

⑦ 检修风扇，校正平衡，纠正其几何形状；

⑧ 进行加固；

⑨ 坚固地脚螺钉；

⑩ 修复转子绕组；

⑪ 修复定子绕组。

除上述故障以外，电动机使用过程中还会遇到轴承过热、电机过热、冒烟等其他故障现象，这里不再详细介绍，各位学员在学习时要注意总结，要能够根据故障现象分析原因，迅速判断，找出故障部位，进行处理。

（四）蓄 电 池

1. 蓄电池的作用

工程机械上用电设备所需的电能，一般是由发电机和蓄电池提供的。二者正极相连，负极搭铁。在发动机正常工作时，主要由发电机向用电设备供电。由于起动用铅蓄电池结构简单，内阻小，短时间内可迅速提供较大的电流，电压稳定，价格便宜，因此，在工程机械上得到了广泛地应用。蓄电池在工程机械上的主要作用是：

（1）发动机起动时，给起动机和点火系供电。要求在 5～10s 内供给起动机 200～600A（有的柴油机起动电流可达1000A）的强大电流。

（2）发电机不工作或输出电压过低时，向用电设备供电。

（3）在发电机短时间超负荷时，可协助发电机向用电设备供电。

（4）蓄电池存电不足时，可将发电机的电能转变为化学能储存起来。

（5）具有稳定电网电压的作用，保护电路中电子元件不被损坏。

2. 蓄电池常见故障及排除方法

（1）故障现象：极板硫化。

1）故障特征

① 充电时，电压上升太快，终期电压过高（单格电压大于2.7V）；

② 充电时，温度上升快，电解液比重上不去，气泡发生过早；

③ 放电时，电压下降快，电池容量低；

④ 严重硫化时，负极生成白色粗糙的硫酸铅。

2）故障原因

① 电池漏电或内部短路；

② 经常充电不足或过量放电；

③ 电解液比重过高或温度过高；

④ 极板露出电解液面；

⑤ 电解液内有杂质。

3）故障排除方法

根据硫化严重程度，分别采取以下去硫处理：

① 轻微硫化时，采取"均衡充电"或"小电流过充电"；

② 较严重硫化时，用"水疗法"反复充电放电，消除硫化，再调整电解液比重；

③ 严重时，应更换极板。

（2）故障现象：自行放电。

1）故障特征

① 充足电的电池在存放期容量损失过快；

② 充电后放置 28 天，容量损失超过 20%。

2）故障原因

① 浓硫酸或蒸馏水不纯；

② 极板含铁等杂质；

③ 隔板破裂活性物质脱落、膨胀以及杂质进入电池造成内部短路；

④ 电池表面残留电解液。

3）故障排除方法

① 换用标准的电解液；

② 拆卸电池，排除短路故障；

③ 将电池外部表面擦拭干净，存放于干燥室内。

（3）故障现象：极板活性物质脱落。

1）故障特征

① 容量下降；

② 电解液混浊，充电时有褐色沉淀物自底部上浮。

2）故障原因

① 充电电流过大，电解液温度高；

② 过量放电；

③ 使用中剧烈振动；

④ 电解液中有硝酸之类物质；

⑤ 极板质量不良，活性物质与板栅结合力弱；

⑥ 极板已到使用极限。

3）故障排除方法

① 按充电规程作业，避免过分充电；

② 放电时不可大电流放电；

③ 更换符合规定的电解液；

④ 更换到期极板。

（4）故障现象：反极。

1）故障特征

① 电池组放电时，总电压明显下降；

② 极板颜色反常，极板弯曲，活性物质脱落。

2）故障原因

① 充电时电源与电池极性接反；

② 电池组中有"落后电池"；

③ 单格电池间的连接片接触不良。

3）故障排除方法

① 检查电池内、外部接头；

② 用"均衡充电法"处理电压不足的单格电池；

③ 用"小电流过充电"消除反极；

④ 更换极板。

五、推 土 机

（一）推土机用途、分类和型号

1. 推土机用途

推土机是土方工程施工的主要机械之一，它是一种多用途的自行式土方工程机械，它能铲挖并移运土壤。例如，在道路建设施工中，推土机可完成路基基底的处理，路侧取土横向填筑高度不大于 1m 的路堤，沿道路中心线向铲挖移运土壤的路基挖填工程，傍山取土，修筑路基。此外，推土机还可用于平整场地，堆集松散材料，清除作业地段内的障碍物等。

推土机操纵灵活，运转方便，所需工作面较小，行驶速度快，易于转移，能爬 30° 左右的缓坡，因此应用范围较广。多用于场地清理和平整、开挖深度 1.5m 以内的基坑，填平沟坑，以及配合铲运机、挖土机工作等。此外，在推土机后面可安装松土装置，破、松硬土和冻土，也可拖挂羊足碾进行土方压实工作。推土机可以推挖一～三类土，四类土以上需经预松后才能作业，经济运距 100m 以内，效率最高为 60m。

2. 推土机分类

（1）按行走装置

推土机按其行走装置分为履带式推土机和轮胎式推土机两大类。履带式推土机接地比压较小，附着牵引力大，爬坡能力强，但行驶速度低，适用于条件较差的地带作业；轮胎式推土机行驶速度快，灵活性好，但接地比压较大，附着性能较差，适用于经常变换工地和良好土壤作业。

（2）按铲刀操纵机构

按铲刀的操纵机构不同，有液压操纵和机械操纵（索式）两种。索式推土机的铲刀借自身自重切入土中，在硬土中切土深度较浅；液压式推土机由于用液压操纵，能使铲刀强制切入硬土或冻土层中，切土深度较大，并可调整推土板的角度，铲刀升降灵活，因此，液压推土机被广泛应用。

（3）按传动方式

按传动方式不同又分为机械传动式推土机、液力机械传动式推土机和全液压传动式推土机。机械传动式推土机结构简单、维修方便，但牵引力不能适应外阻力变化；液力机械传动式推土机车速和牵引力可随着外阻力变化而变化，操纵便利，作业效率高，但制造成本高，维修较难；全液压传动式推土机作业效率高，操纵灵活，转向性能好，但工地维修较难，制造成本高，适用于大功率推土机对大型土方作业。当前，随着液压技术的提高，已有了较广泛地推广和应用。

3. 推土机型号

目前，我国生产的推土机有：T-180、T-240、T-320、TL180、TL210、TY160、TY220、TY320 型和 TSY220 型等数种。推土机的分类表示方法见表 5-1。

推土机的分类表示方法　　　　表 5-1

组	型	特性	代号	代号含义	主参数	
					名称	单位表示法
推土机 T（推）	履带式	— Y（液） S（湿）	T TY TS	履带机械推土机 履带液压推土机 履带湿地推土机	功率	kW
	轮胎式 L（轮）	—	TL	轮胎液压推土机		

（二）推土机作业方式和生产率计算

1. 作业方式

推土机的基本作业是铲土、运土和卸土三个工作行程和空载回驶行程。铲土时，应根据土质情况，尽量采用最大切土深度在最短距离（6～10m）内完成，以便缩短低速运行时间，然后直接推运到预定地点。回填土和填沟渠时，铲刀不得超出土坡边沿。上下坡坡度不得超过 35°，横坡不得超过 10°。两台以上推土机同时作业时，前后距离应大于 8m；左右距离应大于 1.5m。

推土机生产率主要取决于推土刀推移土的体积及切土、推土、回程等工作循环时间。为提高推土机生产率，缩短推土机工作循环时间，减少土的漏失量，常采用下列几种方法。

（1）下坡推土法

在斜坡上，推土机顺下坡方向切土与堆运，借机械向下的重力作用切土，增大切土深度和运土数量，可提高生产率 30%～40%，但坡度不宜超过 15°，避免后退时爬坡困难，如图 5-1 所示。

图 5-1　下坡推土法

（2）槽形推土法

推土机重复多次在一条作业线上切土和推土，使地面逐渐形成一条浅槽，再反复在沟槽中进行推土，以减少土从铲刀两侧漏散，可增加 10％～30％的推土量。槽的深度以 1m 左右为宜，槽与槽之间的土坑宽约 50m。适于运距较远，土层较厚时使用，如图 5-2 所示。

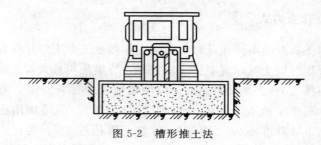

图 5-2　槽形推土法

（3）并列推土法

用 2～3 台推土机并列作业，以减少土体漏失量。铲刀相距 15～30cm，一般采用两机并列推土，可增大推土量 15％～30％。适于大面积场地平整及运送土用，如图 5-3 所示。

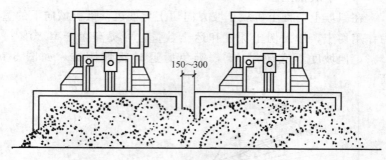

150～300

图 5-3　并列推土法

（4）分堆集中，一次推送法

在硬质土中，切土深度不大，将土先积聚在一个或数个中间点。然后再整批推送到卸土区，使铲刀前保持满载。堆积距离不宜大于 30m，推土高度以 2m 内为宜。本法能提高生产效率 15％左右。适于运送距离较远、而土质又比较坚硬，或长距离分段送土时采用，如图 5-4 所示。

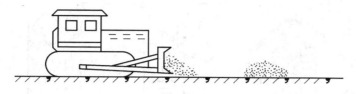

图 5-4　分堆集中，一次推送法

（5）斜角推土法

将铲刀斜装在支架上或水平放置，并与前进方向成一倾斜角度（松土为 60°，坚实土为 45°）进行推土。本法可减少机械来回行驶，提高效率，但推土阻力较大，需较大功率的推土机。适于管沟推土回填、垂直方向无倒车余地或在坡脚及山坡下推土用，如图 5-5 所示。

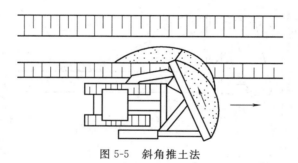

图 5-5　斜角推土法

（6）"之"字斜角推土法

推土机与回填的管沟或洼地边缘成"之"字形或一定角度推土。本法可减少平均负荷距离和改善推集中土的条件，并可使推土机转角减少一半，可提高台班生产率，但需较宽的运行场地。适于回填基坑、槽、管沟时采用，如图 5-6 所示。

（7）铲刀附加侧板法

对于运送疏松土壤，且运距较大时，可在铲刀两边加装侧板，增加铲刀前的土方体积和减少推土泄漏量，如图 5-7 所示。

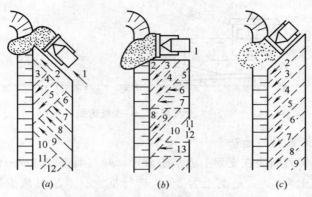

图 5-6 "之"字斜角推土法

(a)、(b)"之"字形推土法；(c) 斜角推土法

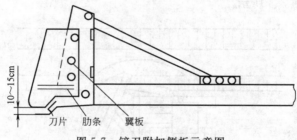

图 5-7 铲刀附加侧板示意图

2. 推土机生产率计算

（1）推土机小时生产率 P_h（m³/h），按下式计算：

$$P_h = \frac{3600q}{T_v K_s} \tag{5-1}$$

式中　T_v——从推土到将土送到填土地点的循环延续时间，s；

q——推土机每次的推土量，m³；

K_s——土的可松性系数。

（2）推土机台班生产率 P_d（m³/台班），按下式计算：

$$P_d = 8P_h K_B \tag{5-2}$$

式中　K_B——一般在 0.72～0.75 之间。

（三）推土机工作装置

1. 推土装置

推土机工作装置包括推土装置和操纵机构两部分。推土装置用来推移和切削土壤，按照推土机铲刀安装的方式不同，推土机可分为固定式和回转式两种。

固定式推土机的工作装置如图 5-8 所示。固定式推土装置的铲刀位置是固定不变的，与基础车的纵向轴线固定成直角，仅切削角可以作小量调整，故此类推土机称为正铲式或直铲式推土机，适用于小型及经常重载作业的推土机。固定式推土铲较回转式推土铲质量轻、使用经济性好、坚固耐用、承载能力大、多用于小型推

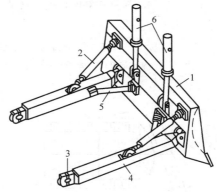

图 5-8　固定式推土机的工作装置
1—推土铲刀；2—斜撑；3—连接柄；4—顶推架；5—水平斜撑；6—油缸

土机和承受重载作业的大型履带式推土机，这种推土机作业时只能进行正向前进推土，而不能进行侧向移土和侧向开挖。

回转式推土机的工作装置如图 5-9 所示。回转式铲刀可在水平面内转动一定的角度 [一般 α 为 0°～15°，如图 5-10 (a)]，实现斜铲作业。如果将铲刀在垂直平面倾斜一个角度 [一般 δ 为 0°～9°，如图 5-10 (b)]，则可实现侧铲作业。由于这种推土机的作业范围较宽，既适合平面作业，又可以根据作业要求进行一定深度的侧向开挖，适合在斜坡上横向作业，或用于除根、除荆，所以，该推土机也称为万能式推土机。

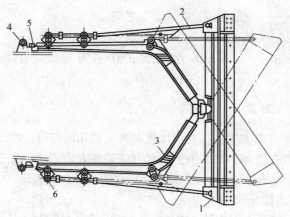

图 5-9 回转式推土机的工作装置

1—推土铲刀；2—斜撑；3—顶推门架；4—支承座；5、6—耳座

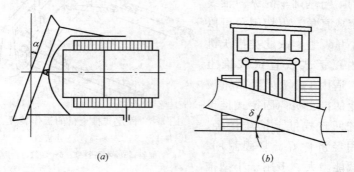

(a)   (b)

图 5-10 回转式铲刀

(a) 铲刀平斜；(b) 铲刀侧倾

现代大、中型履带式推土机多安装固定式推土铲，也可换装回转式的。通常，向前推铲土石方、平整场地或堆积松散物料时采用直铲作业；傍山铲土或单侧弃土时应采用斜铲作业；在斜坡上铲削土壤或铲挖边沟时，则采用侧铲作业。

2. 松土工作装置

松土工作装置是履带式推土机的一种主要附属工作装置，通常配置在大、中型履带式推土机上，以扩大推土机的适用范围。松土装置装在推土机车架的尾部，是一种液压悬挂装置，可与推土机、铲运机进行配套作业，预松或凿裂坚实土壤和岩层，提高铲运效率。

松土装置又称松土器或裂土器，广泛用于硬土、黏土、软岩、粘结砾石的预松作业，也可凿裂层理发达的岩石，开挖露天矿山，用以替代传统的爆破施工方法，提高施工的安全性，降低生产成本。

对难以凿入的岩石，可采用预爆破施工工艺，先对岩层实施轻微爆破，然后再进行裂土，此法比完全爆破法安全，节省费用，也有利于环境保护。预爆破可将岩石分裂成碎块，便于铲运机铲运，同时改善了松土器的初始凿入效果。

松土器的结构可分为铰链式、平行四边形式、可调整平行四边形式和径向可调式四种基本形式。现代松土器多采用平行四边形连杆机构、可调式平行四边形连杆机构和径向可调式连杆机

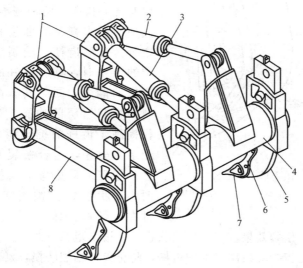

图 5-11　松土器

1—安装架；2—倾斜油缸；3—提升油缸；4—横梁；

5—齿杆；6—保护盖；7—齿尖；8—松土器臂

构，松土装置的基本构造如图 5-11 所示。

松土工作装置主要由支撑架、上拉杆、下拉杆、横梁、提升油缸及松土齿等组成，整个松土装置悬挂在推土机后桥箱体的支撑架上。松土齿用销轴固定在松土齿架的齿套内，松土齿杆上设有多个销孔，改变齿杆的销孔固定位置，即可改变松土齿杆的工作长度，调节松土器的松土深度。

松土器按齿数可分为单齿松土器和多齿松土器，多齿松土器通常装有 2～5 个松土齿。单齿松土器开挖力大，既可松散硬土、冻上层，也可开挖软岩、风化岩和有裂隙的岩层，还可拔除树根，为推土作业扫除障碍。多齿松土器主要用来预松薄层硬土和冻土层，用以提高推土机和铲运机的作业效率。

松土齿由齿杆、护套板、齿尖镶块及固定销组成（如图 5-12）。齿杆是主要的受力件，承受着巨大的切削载荷。齿杆形状有直形和弯形两种基本结构，其中弯形齿杆又有曲齿和折齿之分。直形齿杆在松裂致密分层的土壤时，具有良好的剥离表层的能力，同时其有凿裂块状和板状岩层的功能。弯形齿杆提高了齿杆的抗弯能力，裂土阻力较小，适合松裂非匀质性的土壤。采用弯形齿杆松土时，块状物料先被齿尖掘起，并在齿杆垂直部分通过之前即

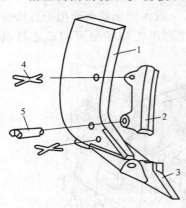

图 5-12　松土齿
1—齿杆；2—保护板；3—齿尖镶块；
4—弹性销轴；5—弹性固定销

被凿碎，松裂效果较好，但块状物料易被卡阻在弯曲处。

松土齿护套板用以保护齿杆，防止齿杆剧烈磨损，延长齿杆的使用寿命。

松土齿的齿尖镶块和护套板是直接松土、裂土的零件，工作条件恶劣，容易磨损，使用寿命短，需经常更换。齿尖镶块和护

套板应采用高耐磨性材料，在结构上应尽可能拆装方便，连接可靠，如用弹性销轴、弹性固定销等。

（四）TY220 型履带式推土机的结构和工作原理

1. 动力传递系统

履带式推土机主要由发动机、传动系统、工作装置、电气部分、驾驶室和机罩等组成。其中，机械及液压传动系统又包括液力变矩器、联轴器总成、行星齿轮式动力换挡变速器、中央传动、转向离合器和转向制动器、终传动和行走系统等。我国引进日本小松制作所的 D155 型、D85 型、D65 型三种基本型推土机制造技术。国产化后，定型为 TY320 型、TY220 型和 TY160 型基本型推土机。其中，TY220 型履带式推土机是我国引进日本小松制作所 D85-18 型推土机全套制造技术而生产的产品。本节主要讲述 TY220 型履带式推土机的结构与工作原理。图 5-13 是我国 TY220 型推土机的动力传动系统简图。

图中动力输出机构 10（PTO）以齿轮传动和花键连接的方式带动工作装置液压系统中工作泵 P1、变速变矩液压系统变速泵 P2、转向制动液压系统转向泵 P3；链轮 8 代表二级直齿齿轮传动的终传动机构（包括左和右终传动总成）；履带板 9 包括履带总成、台车架和悬挂装置总成在内的行走系统。本节将重点介绍上述传动系统中的液力变矩器、行星齿轮式动力换挡变速器、转向离合器的结构和工作原理。

（1）液力变矩器

1）构造和工作原理

TY220 型推土机的液力变矩器结构如图 5-14 所示。

TY220 型推土机使用的是由一个泵一个涡轮一个不转动的导轮构成的液力变矩器，称为三元件单级单相型液力变矩器，这种变矩器结构简单、传动效率高。TY220 型推土机的液力变矩

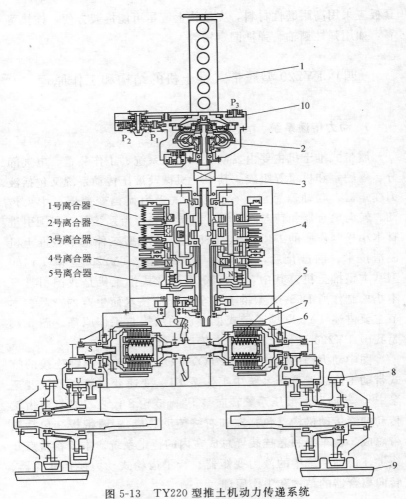

图 5-13　TY220 型推土机动力传递系统

1—发动机；2—液力变矩器；3—万向节；4—变速箱；5—控制阀；6—转
向离合器；7—转向闸；8—链轮；9—履带瓦；10—PTO（取力箱）

P1—工作机构油泵（PAL040）；P2—变矩器油泵（FAL040）；

P3—转向泵（FAR063）

器包括能使发动机的动力转变为液压能的泵 5，受到油的液压能
而能使它转变为机械能的涡轮 3，以及引导油流动的导轮 12。

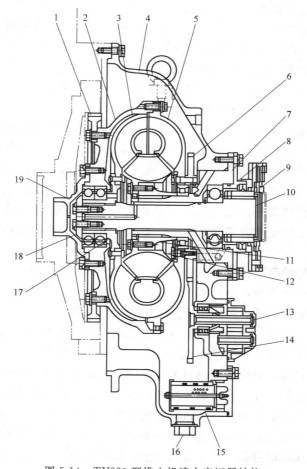

图 5-14　TY220 型推土机液力变矩器结构

1、6、14—传动齿轮；2—传动箱；3—涡轮；4—液力变矩器罩；5—泵；7—导轮轴；8—罩；9—联轴节；10—涡轮轴；11—导轮软管；12—导轮；13—换油泵；15—滤油器；16—放泄塞；17—涡轮凸起部；18—柄；19—排障器

由图 5-14 可知，泵轮组件中的泵轮由螺栓和驱动壳连接，驱动齿轮由螺栓和驱动壳连接。驱动齿轮直接插入发动机飞轮齿圈内，故泵轮随发动机一起旋转。导轮由螺栓和导轮毂连接，导

轮毂通过花键和导轮座连接，导轮座又通过螺栓和变矩器壳连接，故导轮和变矩器壳一起，是不旋转的。涡轮和涡轮毂用铆钉铆接在一起，再通过花键和涡轮输出轴连接，涡轮输出轴通过花键和联轴节连接，将动力传递给其后的传动系统。泵轮随发动机一起旋转，将动力输入，导轮不旋转，涡轮旋转，将动力输出，三者之间相互独立，轮间间隙约为2mm。

泵轮、涡轮、导轮自身由许多叶片组成，称之为叶栅。叶片由曲面构成，呈复杂的形状。变矩器在工作时，叶栅中是需要充满油液的，在泵轮高速旋转时，泵轮叶栅中的油液在离心力的作用下沿曲面向外流动，在叶栅出口处射向涡轮叶栅出口，然后沿涡轮叶栅曲面作向心流动，又从涡轮叶栅出口射向导轮叶栅进口，穿过导轮叶栅又流回泵轮。如此循环，动力由泵传到涡轮轴上去。

涡轮的负荷是推土机负荷决定的。推土机的负荷由铲刀传递给履带行走系统，再传给终传动、转向离合器、中央传动、变速器和联轴器总成，最终传递给变矩器涡轮。涡轮负荷小时，其旋转速度就快；负荷大时，旋转速度就慢。当推土机因超载走不动时，涡轮的转速也下降为0，成为涡轮的制动状态。这时，因涡轮停止转动，由泵轮叶栅射来的油液，以最大的冲击穿过涡轮叶栅冲向导轮，在不转的导轮叶栅中转换成压力，该压力反压向涡轮，增大了涡轮的扭矩，该增加的扭矩和涡轮旋转方向一致，此时涡轮输出扭矩最大，为泵轮扭矩的2.54倍。涡轮随着负荷增大，转速逐渐降低，扭矩逐渐增加，这相当于一个无级变速器在逐渐降速增扭。这种无级变矩的性能与易操纵而挡位较少的行星齿轮式动力换挡变速器相配合，使推土机获得了优异的牵引性能。

液力变矩器是依靠液力工作的。油液在叶栅中流动时，由于冲击、摩擦，会消耗能量，使油发热，故液力变矩器的传动效率是较低的。目前，国内外最好的液力变矩器其最高效率为88％。当变矩器的涡轮因推土机超负荷而停止转动时，由泵轮传来的能量全部转化成热量而消耗掉，此时变矩器效率为 0。要想提高变矩器的传动效率，就要掌握推土机的负荷，使涡轮有适当的转速、推土机有适当的速度，即当推土机因负荷过大而走不动时，要及时减小负荷，提一下铲刀或由Ⅱ挡换为Ⅰ挡。

由变矩器的结构和工作原理知，变矩器工作时油会有内泄、会发热。这就要求要及时给变矩器内部补充油，并将发热的油替换出来冷却，形成一个循环。

TY320 型和 TY220 型有完全相似的液力变矩器，只是进行了几何放大。TY160 型和 TY220 型有基本相似的液力变矩器，只是结构有些变化。它们的故障和维修是基本相同的。

2）液力变矩器安全阀

为防止液力变矩器异常的高压和转矩，变矩器内的油压要经常保持在 0.87MPa 以下，把安全阀装在液力变矩器的入口回路里。

作为液力变矩器的工作油，由变速箱及转向泵流出的压力油，通过液力变矩器室的通路，流入液力变矩器内。

液力变矩器内的油压达 0.87MPa 以上时，压力油压缩弹簧，推开卷线筒，流入转向箱内。

3）液力变矩器调节阀

为充分发挥液力变矩器的性能，使液力变矩器内的油压能调整到 0.3±0.01MPa，把调节阀安装在液力变矩器出口回路里。

液力变矩器的压力油，通过液力变矩器室的通路，油压达 0.31MPa 以上时，压缩弹簧，推开卷线筒，油流入冷却器里。

4）换油泵

换油泵由固定在液力变矩器的齿轮驱动而工作。液力变矩器的密封环等的漏油（内部泄漏）及停留在液力变矩器室内的 PTO 润滑油，通过滤油器，被换油泵吸收，送到齿轮箱去。

（2）行星齿轮式动力换挡变速器

图 5-15 是 TY220 型推土机行星齿轮式动力换挡变速器的结构图，该变速器主要由四个行星排和一个旋转闭锁离合器构成。

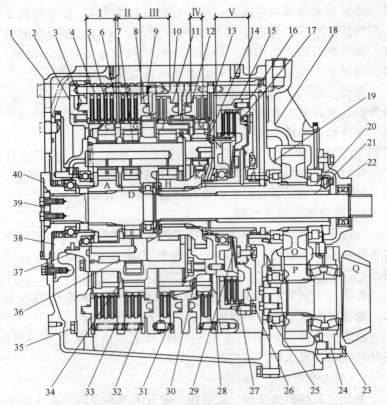

图 5-15 TY220 型推土机行星齿轮式动力换挡变速器结构图

1—变速箱体；2—1 号离合器室；3—1 号离合器活塞；4—离合器板；5—离合器盘；6—驱动侧板；7—1、2、3 号小齿轮轴；8—2 号离合器活塞；9—2 号离合器室；10—3、4 号离合器室；11—3 号离合器活塞；12—4 号离合器活塞；13—被动侧板；14—4 号小齿轮轴；15—5 号离合器鼓轮；16—2 号离合器室；17—钢球单向阀；18—后箱；19—5 号离合器室；20—输出轴；21—主轴；22、24、37、38—轴承罩；23—盖；25、39—柄；26—5 号离合器活塞；27—4 号离合器齿轮；28—4 号离合器弹簧；29—5 号离合器弹簧；30—4 号转运工具；31—3 号离合器弹簧；32—2 号离合器弹簧；33—1 号离合器弹簧；34—1、2、3 号转运工具；35—系紧螺栓；36—2 号小轮轴；40—联轴节

A—1 号太阳齿轮（齿数 33）
B—1 号行星小齿轮（齿数 24）⎱1 号离合器（前进）；
C—1 号环形齿轮（齿数 81）

D—2 号太阳齿轮（齿数 21）
E—2 号行星小齿轮（齿数 23）
F—2 号行星齿轮（齿数 24）⎱2 号离合器（后退）；
G—2 号环形齿轮（齿数 81）

H—3 号太阳齿轮（齿数 33）
I—3 号环形齿轮（齿数 24）⎱3 号离合器（Ⅲ速）；
J—3 号行星小齿轮（齿数 81）

K—4 号太阳齿轮（齿数 42）
L—4 号行星小齿轮（齿数 81）⎱4 号离合器（Ⅱ速）；
M—4 号环形齿轮（齿数 81）

N—5 号环形齿轮 5 号离合器（Ⅰ速）；O—转移传动齿轮（齿数 34）；P—转移从动齿轮（齿数 23）；Q—小伞齿轮（齿数 21）

图 5-15 中标的"Ⅰ"、"Ⅱ"、"Ⅲ"、"Ⅳ"是四个行星排,"Ⅴ"是旋转闭锁离合器。

"Ⅰ"、"Ⅱ"和"Ⅳ"行星排都是固定齿圈,用行星架同向旋转进行输出的。

"Ⅱ"行星排的行星架上多装一个行星轮,若将齿圈 C 用离合器固定,当太阳轮 A 右转时,行星齿轮 B 左转,行星齿轮 E 右转,行星架 D 左转,则形成了以太阳轮输入、行星架反向旋转输出的行星齿轮减速机构。TY220 型推土机变速器即利用第Ⅱ行星排作为倒挡使用。

离合器有 5 个。第 1 至第 4 离合器的油缸体都由螺栓连接在端盖上,它们是不运动的。当油缸体和活塞之间充满压力油时,压力油在油超过计划的密封下,建立油压并推活塞压紧摩擦片,则可将齿圈固定。

第 5 号旋转闭锁离合器的结构比较特殊,它没有行星机构,其工作时是整体旋转的。向旋转油缸中供油时,需先向中心轴供油。工作时,压力油通过第 5 离合器固定不动的壳体 19 中的油道,进入旋转油缸,推动活塞工作。为防止泄漏,要用旋转密封环进行密封。工作完的油液,由于旋转油缸不停地旋转,离心力向外甩出,无法经供油道排出,会增加摩擦片的磨损。为解决此问题,在旋转油缸体上增加一个钢球止回阀,在压力油的作用下,它密封油孔以建立油压,停止供油时,它会甩开,开放回油孔以回油。

TY220 型推土机变速器,在结构上有许多特点,利用这些特点,可使维修更为容易进行。如第 1 至第 4 离合器的摩擦片和光盘都是通用的;第 2 至第 4 行星排的活塞和密封环相同,行星排离合器导向销相同,光盘分离弹簧相同,离合器活塞分离弹簧相同;第 1 至第 3 行星排使用同一个行星架;第 4 行星排的行星架利用外齿圈插入第 3 行星排齿圈中,并用弹簧卡圈防止轴向窜动等等。

TY320 和 TY220 型推土机系列产品有完全相似的变速器,只是放大了几何尺寸。TY160 型推土机变速器,离合器的排列方式不同,第 1 离合器为前进挡,第 2 离合器为后退挡,第 3 旋转向离合器为Ⅰ挡、第 4 离合器为Ⅲ挡，第 5 离合器为Ⅱ挡。它们有相同的使用维修特点。

（3）转向离合器

TY220 型推土机在水平轴的左右两端装有转向离合器，它的作用是：使传送到水平轴的动力，再传送到终端减速箱，关闭或连接动力，使车辆改变行走方向。

转向离合器的构造如图 5-16 所示。它是由被螺栓紧固在水平轴载 6 上的离合器内鼓轮 5（而水平轴毂则是被锥形花键固定在水平轴 9 上）、被螺栓紧固在终端减速凸缘的离合器外鼓轮 1、与内鼓轮啮合的被动摩擦片 3、与外鼓轮啮合的主动摩擦片 4、

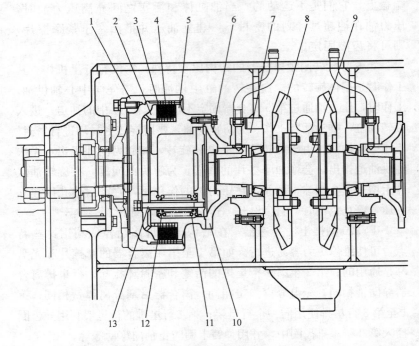

图 5-16　TY220 型推土机转向离合器结构图

1—外鼓轮；2—压力板；3—被动摩擦片；4—主动摩擦片；5—内鼓轮；6—水平轴；

7—轴承罩；8—伞齿轮；9—水平轴；10—活塞；11、12—弹簧；13—螺栓

紧压板及圆盘的压力板 2、活塞 10、离合器弹簧 11 和 12、固定活塞与压力板的螺栓 13 等来构成的。对转向离合器，板属于驱动方面，圆盘属于被驱动方面。

1）转向离合器接通。转向离合器通常是使用离合器弹簧 11 和 12，使压力板 2 把主动摩擦片 4、被动摩擦片 3 压紧在内鼓轮 5 上，由于摩擦力，动力从内鼓轮 5 传送到外鼓轮 1，这样可以使与外鼓轮连结的终端减速小齿轮毂转动，动力传送到终端减速箱。

2）转向离合器关闭。拉转向离合器杆时，由转向控制阀流出的油，通过轴承罩 7 以及水平轴毂 6 流入活塞 10 的右边，把活塞压向左边，压缩离合器弹簧 11 和 12，使压力板 2 向左边移动，主动摩擦片 4 与被动摩擦片 3 失去压紧力，动力不能传送到终端减速装置去，放开转向杆时，通过转向控制阀的放泄回路，在离合器弹簧作用下，活塞被送回原来的位置上，成为上述的离合器接通状态。

左转向离合器被关闭时，因动力只向转向离合器传送，故向左旋转（左转向）。

六、装 载 机

（一）装载机的用途和分类

1. 装载机的用途

装载机是一种用途十分广泛的工程机械，装载机可用于铲装土壤、砂石、石灰、煤炭等散状物料，并可自行完成短距离运土及对松散物料的收集清理和松软土层的轻度铲掘工作、平整地面或配合运输车辆作装土使用。换装不同的辅助工作装置还可进行铲土、推土、起重和其他物料（如木材）的装卸作业。

装载机广泛用于公路、铁路、建筑、水电、港口、矿山等建设工程领域。在道路、特别是在高等级公路施工中，装载机用于路基工程的填挖、沥青混合料和水泥混凝土料场的集料与装料等作业。此外，还可进行推运土壤、刮平地面和牵引其他机械等作业。由于装载机具有适应性强、作业速度快、效率高、机动性好、操作轻便等优点，因此，它成为工程建设中土石方施工的主要机种之一。

2. 装载机的分类

（1）装载机按其行走装置不同可分为履带式装载机和轮胎式装载机两种。

履带式装载机以专用底盘或工业拖拉机为基础车，装上工作装置并配装操纵系统而构成，如图 6-1 所示。履带式装载机行驶速度慢、装载效率低、转移不灵活且对场地有破坏作用，在土方

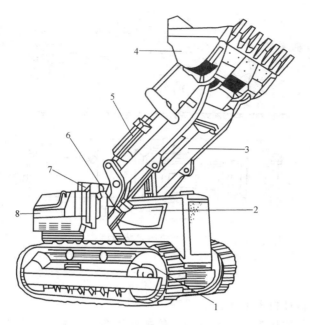

图 6-1　履带式装载机

1—行走机构；2—发动机；3—动臂；4—铲斗；5—转斗油缸；

6—动臂油缸；7—驾驶室；8—燃油箱

工程中已基本被轮胎式装载机取代。

　　履带式装载机的动力装置是柴油机，机械式传动系统则采用液压助力湿式离合器或湿式双向液压操纵转向离合器和正转连杆机构的工作装置。

　　轮胎式装载机由动力装置、车架、行走装置、传动系统、转向系统、制动系统、液压系统和工作装置等组成，其结构简图如图 6-2 所示。轮胎式装载机行驶速度快、转移方便，可在城市道路上行驶，因此使用较为广泛。

　　轮胎式装载机的动力装置是柴油机。液力变矩器、动力换挡变速箱、双桥驱动等组成的液力机械式传动系统（小型轮胎式装载机有的采用液压传动或机械传动），液压操纵，铰接式车架转

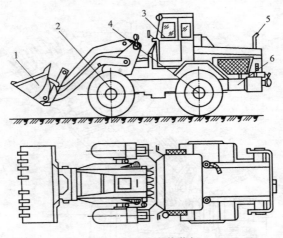

图 6-2 轮胎式装载机

1—装载装置；2—前桥；3—驾驶室；4—后桥；

5—发动机；6—车架

向，反转杆机构的工作装置。

（2）按机身结构可分为整体式和铰接式两种。

（3）按回转方式分为全回转、90°回转和非回转式装载机。全回转式装载机回转台能回转 360°，可在狭窄场地作业，卸料时对机械停放位置无严格要求；90°回转式装载机可在半圆范围内任意位置卸料；非回转式装载机要求作业场地较宽。

（4）按传动方式可分为机械传动、液力机械传动和液压传动。目前装载机传动形式大多数采用液力机械传动。

3. 装载机的型号

装载机型号表示方法见表 6-1。

装载机型号表示方法　　表 6-1

组	型	特性	代号	代号含义	主参数	
					名称	单位表示法
装载机	履带式	—	Z	履带装载机	装载能力	t
Z（装）	轮胎式 L（轮）	—	ZL	轮胎液压装载机		

（二）装载机作业方式和生产率计算

1. 装载机作业方式

（1）装载机与自卸汽车配合作业

在土方工程中，装载机和自卸汽车的紧密配合，是提高生产率的有效方法。以下是几种常用的配合方案。

1）自卸汽车平行于工作面并往复地前进和后退，装载机像穿梭一样垂直于工作面前进和后退的配合方案，如图6-3所示。

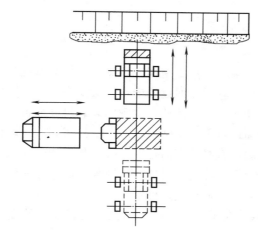

图6-3　装载机垂直工作面，自卸汽车平行工作面方案

装载机装满铲斗后直线后退一段距离，在装载机举升铲斗到卸载高度的同时，汽车后退到与装载机垂直的位置，然后装载机驶向自卸车并卸载。卸载后，自卸车前进一段距离，装载机驶向料堆场铲装物料，进入下一个作业循环，直到自卸车装满为止。此方案省去了装载机调头的时间，对于履带式或整体式装载机较为适用。这种方案的循环时间取决于装载机与配合作业的自卸汽车驾驶员的熟练程度。

2）自卸汽车位置和工作面呈 30°～45°布置，装载机装载后驶往自卸车或卸载后回到工作面，都有一定转动角度的配合方案，如图 6-4 所示。

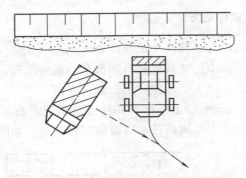

图 6-4　自卸车与工作面倾斜装载方案

采用此方案时，对于整体式装载机的作业过程是：装载机装满后，在倒车驶离工作面过程中，调头 30°～45°，使之垂直于自卸车，然后驶向自卸车卸载，空载的装载机驶离自卸车时，也调头转向工作面进行下一次铲装；对于铰接式装载机的作业过程是装载机装满后，直线倒车后退 3～5m，然后用转向液压缸使前车架转动 35°～45°，再前进到自卸车卸载。这种方案可获得最少的作业循环时间，因而得到广泛应用。

3）装载机向布置在干线上的汽车进行装载的配合方案，如图 6-5 所示。

装载机装满斗后直线后退，然后前进驶向停置在干线上的汽车时砖动 90°，使装载机垂直于汽车卸载。此法适用于作业场地过于不平整，为避免汽车行驶受较大损伤，而附近又有干线能利用的场合。

4）在装载机两侧，汽车平行于工作面布置的配合方案，如图 6-6 所示。

此方案是在工作量不大和运输距离较小时，一个驾驶员可承担两台汽车的作业。当后面的汽车装载时，前面的汽车把土方运输到

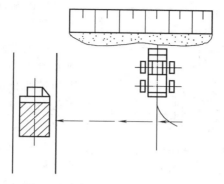

图 6-5 自卸车位于干线装载方案

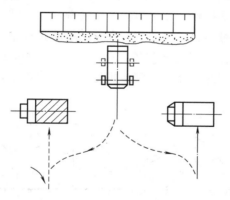

图 6-6 装载机两侧汽车平行工作面方案

卸载场地,再空载驶回工作面后,驾驶员则可转移到后面已装满的汽车上,把土方运输到卸载地,这时,前面的空车又可进行装载。

5) 汽车垂直于工作面,装载机在卸载时向汽车转动 90°的配合方案,如图 6-7 所示。汽车垂直于工作面,倒车行驶到离装载机不远的距离,装载机铲装满斗后,平行于汽车倒退行驶,然后转动 90°驶往汽车进行卸载。空载的装载机倒车后退,并转动 90°而驶离汽车,然后驶向工作面进行下一次装载。这种配合方案生产能力小,但可在复杂的条件下作业。

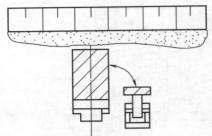

图 6-7 自卸车垂直工作面，
装载机转 90°卸料方案

（2）铲掘方法

装载机的生产能力，在很大程度上取决于铲装时铲斗的充满系数，正确的铲装方法和熟练的操作技术，可得到较好的铲斗充满系数，而不致产生附加的载荷，装载机铲装作业的方法主要有以下几种：

1）一次铲装法

如图 6-8 所示。装载机直线前进，铲斗刀刃插入料堆，直至铲斗后壁与料堆接触。在铲斗插时，装载机用一挡或二挡低速前进，然后铲斗翻转到水平位置。在整个翻斗过程中，装载机停止不动。待铲斗提升到运输位置（距地面 300～400mm），后退驶离工作面，直到卸载点后，铲斗再提升到卸载高度，将物料卸到运输车辆中。

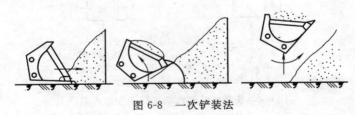

图 6-8 一次铲装法

此法是最简单的铲装方法，对操作人员的操作水平要求不高，但由于铲斗一次插入深度大，其作业阻力大，因而要求装载机有较大的插入力，并需要较大功率来克服铲斗上翻时的转斗阻力。此法仅用在铲装松散物料（如砂、煤等）时采用。

2）分段铲装法

如图 6-9 所示。此法是将铲斗依次进行插入动作和提升动作。其过程是铲斗稍向前倾，从坡角插入，随着铲斗插入工作面 0.2～0.5m 深，一边继续慢速切入，一边间断稍微提升动臂，

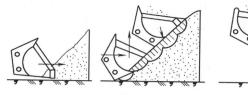

图 6-9　分段铲装法

再配合铲斗间断上翻，直至装满铲斗。这种方法由于铲斗插入不深，而且插入后又有提升等动作配合，所以插入阻力较小，作业比较平隐，但其操作水平要求较高。此法适用于铲装较硬的土壤。

3）分层铲装法

如图 6-10 所示。分层铲装时，装载机向工作面前进，铲斗稍向前倾，随着铲斗切入工作面，缓慢提升动臂，在铲斗齿刃离开料堆后，铲斗才转到运输位置。此法适用于挖掘土丘或铲装块状物料。

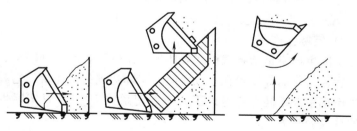

图 6-10　分层铲装法

（3）卸载作业

装载机驶向自卸汽车或指定卸料场卸料时，应对准车箱或卸货台，逐渐将动臂提升到一定高度（使铲斗前翻不致碰到车箱或卸货台），操纵铲斗手柄前倾卸料。

2. 装载机生产率计算

（1）装载机生产率计算

装载机的生产率是指装载机在单位时间内所完成的工作量（m³/h），它既是衡量装载机生产能力的技术指标，又是装载机的选用依据。

装载机生产率的计算，按照是否考虑时间利用率的因素可分为两种：

1）技术生产率。

技术生产率是指装载机在一定的生产条件下，正确地组织生产过程，掌握先进的操作方法，在每小时所能完成的最大工作量，其计算公式为：

$$Q = \frac{3600VK_1}{TK_2} \tag{6-1}$$

式中　Q——技术生产率，m³/h；

　　　V——铲斗额定容量，m³；

　　　K_1——铲斗充满系数；

　　　T——装卸一铲斗所需的循环作业时间，s；

　　　K_2——物料松散系数，通常取 $K_2 = 1.25$。

2）实际生产率。

实际生产率是指装载机在具体生产条件下，考虑到停车、维修、转移工作面等因素在单位时间内实际达到的工作量。它和技术生产率主要不同在于考虑了时间利用系数 K_c，所以实际生产率的计算公式为：

$$Q = \frac{3600VK_1K_c}{TK_2} \tag{6-2}$$

式中　Q——实际生产率，m³/h；

　　　K_c——时间利用系数，在正常技术水平和组织条件下，可取 $K_c = 0.75 \sim 0.85$。

3）作业循环时间的确定。

一个作业循环时间主要由以下几个工序的时间组成：即铲掘装斗时间 t_1；提升铲斗至运输位置时间 t_2；满载后运输至卸料地

点时间 t_3；提升动臂至卸载高度时间 t_4；卸料时间 t_5；把工作装置下降至运输位置时间 t_6；装载机返回工作面时间 t_7；其他所需辅助时间（换挡、转向等）t_8。

计算时注意一些工序的平行作业，如 t_3 和 t_4，t_6 和 t_7 等，计算时同时作业的重叠时间，只计算一次。即：

$$T = \Sigma T_i \tag{6-3}$$

式中　T——作业循环时间；

　　　T_i——相应作业工序时间。

（2）提高装载机生产率措施

1）选择合适的施工方法。

2）合理组织装运。

3）选用合适的铲斗。

4）保持铲斗斗齿良好技术状况。

5）发挥一机多用的作用。

（三）装载机的工作装置

工作装置是装载机的重要组成部分，装载机的铲掘和装卸物料作业是通过其工作装置的运动来实现的。装载机工作装置由铲斗和动臂以及液压操纵系统组成，如图 6-11 所示。整个工作装置铰接在车架上。铲斗通过连杆和摇臂与转斗液压缸铰接，用以装卸物料。动臂与车架、动臂液压缸铰接，用以升降铲斗。铲斗的翻转和动臂的升降采用液压操纵。

1. 铲斗和动臂

铲斗通过连杆和摇臂与转斗液压缸铰接，是装卸物料的工具，为钢板焊接结构。动臂与车架、动臂液压缸铰接，是工作装置的主要承力构件，用以升降铲斗。动臂外形有直线或曲线两种，一般常用的为曲线形动臂。

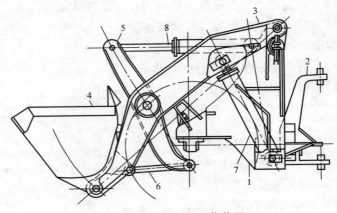

图 6-11　装载机的工作装置

1—前台架；2—转向轭；3—动臂；4—铲斗；5—拉杆Ⅰ；
6—拉杆Ⅱ；7—动臂液压缸；8—转斗液压缸

2. 连杆机构

如图 6-12 所示 ZL50 型装载机，A、B、C、D 四个铰点和 D、E、F、G 四个铰点各构成一个四杆机构，这两个四连杆机构成整个工作装置的连杆机构。

在装载机作业时，连杆机构应保证铲斗上下平动或接近平动，以免铲斗倾斜而撒落物料。通常要求铲斗在动臂整个运动过程中角度变化不应超过 15°。卸料时，无论动臂处于任何位置，铲斗的卸料角度都不得小于 45°，卸料后，动臂下降时又能使铲斗自动放平。

综合国内外装载机工作装置的结构形式，按连杆机构的构件数不同，分为三杆式、四杆式、五杆式、六杆式和八杆式等；按输入和输出杆的转向是否相同又分为正转和反转连杆机构等。

3. 装载机工作装置液压操纵系统

铲斗的翻转和动臂的升降采用液压操纵。装载机工作装置的

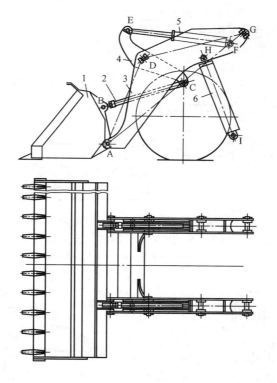

图 6-12　ZL50 型装载机工作装置
1—铲斗；2—连杆；3—从动臂；4—摇杆；
5—铲斗液压缸；6—动臂液压缸

液压操纵系统主要由油箱、齿轮液压泵、分配阀、双作用安全阀、动臂液压缸、转斗液压缸等组成，如图图 6-13 所示。

（四）ZL50 型装载机的液压系统

图 6-14 所示为柳工 ZL50C 型装载机的轮轴操纵工作液压系统。该系统由转斗液压缸 1、动臂液压缸 2、分配阀 3、操纵杆7、工作泵 8、软轴 10 等主要零部件组成。

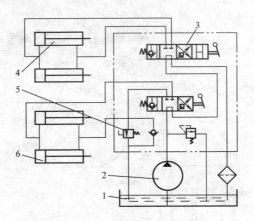

图 6-13 装载机液压操纵系统

1—液压油箱；2—齿轮泵；3—分配阀；4—动臂液压缸；

5—双作用安全阀；6—转斗液压缸

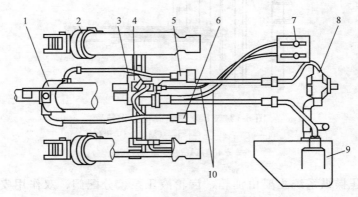

图 6-14 ZL50C 型装载机

1—转斗缸；2—动臂缸；3—分配阀；4、5、6—螺塞；

7—操纵杆；8—工作泵；9—液压油箱；10—软轴

工作液压系统目前已开始普遍采用先导工作液压系统。先导操纵可实现单杆操纵，且手柄操纵力及行程比机械式操纵小得多，大大降低了驾驶员的劳动强度，大大增加了操纵舒适性，从而也就大大提高了作业效率。图 6-15 以柳工 ZL50G 型先导工作

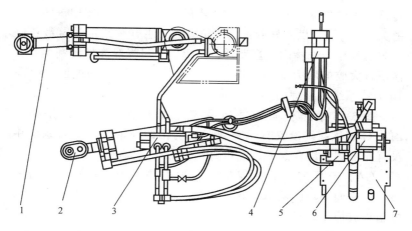

图 6-15　ZL50G 型先导工作液压系统基本组成

1—转斗液压缸；2—动臂液压缸；3—分配阀；4—先导阀；

5—组合阀；6—工作泵；7—液压油箱；

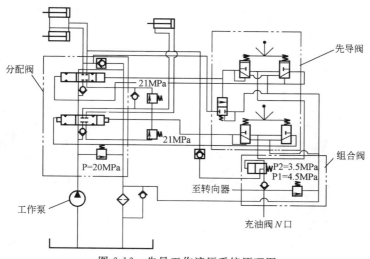

图 6-16　先导工作液压系统原理图

液压系统为例，展示了该系统的基本组成情况。系统中有个组合
阀，它是由压力选择和溢流阀组合而成的一个整体阀。主要是通

过该阀供给先导阀及转向器的所需的先导压力油。图中供转向器的为 4.0MPa，供先导阀的为 3.5MPa。还有一路由动臂液压缸大腔通至压力选择阀。当发动机熄火后，可操纵先导阀利用动臂液压缸大腔的压力油来使在任意位置的铲斗下降到地面。图 6-16 为该系统的原理图。

图 6-16 中组合阀的进油由充油阀的 N 口来，这是柳工 ZL50G 型该系统设置有供全液压制动用的充油阀。如果系统中没有充油阀，组合阀的进油可直接由先导泵提供。

CAT950G 型、小松 WA380-3 型也是采用的先导工作液压泵，但它们现在已采用电液比例先导阀，便于实现更为先进的微电脑集成控制。

七、铲 运 机

铲运机是利用装在前、后轮轴之间的铲运斗，在行驶中顺序进行土壤铲削、装载、运输和铺卸土壤作业的铲土运输机械。它能独立地完成铲土、装土、运土、卸土各个工序，还兼有一定的压实和平整土地的功能。与挖掘机和装载机配合自卸载重汽车施工相比较，具有较高生产率和经济性。铲运机由于其斗容量大，作业范围广，主要用于大土方量的挖填和运输作业，广泛用于公路、铁路、工业建筑、港口建筑、水利、矿山等工程中，是应用最广的土方工程机械。

（一）铲运机的分类及特点

1. 铲运机的分类

铲运机按运行方式不同有拖式和自行式两种。拖式铲运机是利用履带式拖拉机为牵引装置拖动铲土斗进行作业，其铲运斗行走装置为双轴轮胎式。铲土斗几何容量为 $6\sim7m^3$，适合在 $100\sim300m$ 的作业范围内使用。拖式铲运机对地面条件要求低，具有接地比压小、附着力大和爬坡能力强等优点；自行式铲运机又称轮胎式铲运机，由牵引车和铲运斗两部分组成，近年来发展较快，是采用专门底盘并与铲土斗铰接在一起进行铲、运土作业。铲土斗几何容量最大的可达 $40m^3$，并且行驶速度较快，适合在 $300\sim3500m$ 的作业范围使用。行驶速度快，生产率高，适合于中、长距离铲运土方，但对地面及道路要求较高，对于紧密土质需要采用推土机助铲。

铲运机按铲土斗几何容量分为小型（斗容量小于 $4m^3$）、中型（斗容量为 $6\sim15m^3$）、大型（斗容量为 $15\sim30m^3$）和特大型（斗容量大于 $30m^3$）。

按操纵系统不同，铲运机分为液压操纵式和机械（钢丝绳）操纵式两种。液压操纵式依靠双作用液压缸操纵铲运斗升降、斗门开关和卸土。铲土切土效果好，操作简单方便，动作均匀平稳，能缩短装土距离，能强制关斗门，减少漏土；机械操纵式利用拖拉机上动力绞盘，通过钢丝绳操纵铲运斗和斗门。铲运斗靠自重切土，深度较浅，会增大装土距离，要求操作技术高。钢丝绳磨损大。

按卸土方式的不同，铲运机有强制卸土式、半强制卸土式和自由卸土式三种类型。强制卸土式：铲运斗内的推板向前移动而将土强制卸出。卸土干净，消耗功率大，结构强度要求高，适合于铲运黏湿土；半强制卸土式：铲运斗可以转动，使土在自重和推力双重作用下卸出。卸土功率较小，自重轻。对黏湿土卸不干净；自由卸土式：铲运斗向后翻转靠土的自重卸落。卸土功率小，卸土不彻底，对黏土和潮湿土的卸土效果不好。

按铲运机装载方式不同，铲运机分为普通装载式和链板装载式两种。普通装载式：铲运机是利用牵引力将土屑挤入铲运斗，装土阻力大，效率低；链板装载式：铲运机是以链板装载机构将铲刀切出的土升送入斗，能降低装斗阻力，装土效率高，能边转弯边装载，不需使用助铲，但机重大，造价高。

按发动机台数不同，铲运机分为单发动机式、双发动机式、多发动机式三种。单发动机式：用于牵引车动力。单轴驱动，牵引力小，需要助铲；双发动机式：牵引和铲运各置一台。用于双轴驱动，牵引力大，不需助铲；多发动机式：多台铲运斗装用。用于多斗串联式铲运机，效率最高。

我国定型生产的铲运机表示方法见表 7-1。

2. 铲运机的技术性能

（1）拖式铲运机的主要技术性能

拖式铲运机的主要技术性能见表 7-2。

类	组	型	特性	代号	代号含义	主参数	
						名称	单位表示法
铲土运输机械	铲运机C(铲)	拖式 T(拖)	—	CT	机械拖式铲运机	铲斗几何容积	m³
			Y(液)	CTY	液压拖式铲运机		
		轮胎式 L(轮)	—	CL	轮胎液压铲运机		

拖式铲运机主要技术性能　　　　表 7-2

机械型号		CTY2.5	CT-6	CTY6	CTY7	CTY9	CTY-9	CTY-13
牵引车	型号	东-75	T100	T120	T140	T200	TY160	TY-220
	功率(kW)	44	73.5	88.2	102.9	147	120	162
铲斗	平装容量(m³)	2.5	6	6	7	9	7	10
	堆尖容量(m³)	2.75	8	8	9	11	9	13
	铲土宽度(mm)	1900	2600	2600	2700	2700	2700	2680
	切土深度(mm)	150	300	300	300	300	300	300
	铲土角度(°)		25～30		25～30		30	30
	操纵方式	液压	钢丝绳	液压	液压	液压	液压	液压
	卸土方式	自由	强制	强制	强制	强制	强制	强制
行走机构	轴距(mm)	3500	4840		5800	6284		
	前轮轮距(mm)	900	1400		2100	1700		
	后轮轮距(mm)	1650	1980		2100	1947		
	前轮胎规格	9.00-20	14.00-20		2100-24	18.00-20		
	后轮胎规格	9.00-20	18.00-20		2100-24	23.5-25		
外形尺寸	长(mm)	5600	8800		9400		9220	10000
	宽(mm)	2440	3100		3292		3132	3152
	高(mm)	2400	2540		2340		2900	3120
整机质量(t)		1.98	7.3		8.5	11.9	8.86	11
生产厂		宣化厂	郑州工程机械厂				山推工程机械公司	

机械型号		CTY11	CTY2.0JN	CTY3T (3QX)	CTY3.5T	CTY4JN	CTY8
牵引车	型号	T220	铁牛 55	东方红802KT	东方红802KT	东方红802KT	T-120
	功率(kW)	162	40	58.8	58.8	58.8	88.2
铲斗	平装容量(m³)	11	2	3	3.5	4	
	堆尖容量(m³)	14					8
	铲土宽度(mm)	3000	1550	1970	1970	2250	2600
	切土深度(mm)	300	100	110(100)	110	110	300

机械型号		CTY11	CTY2.0JN	CTY3T (3QX)	CTY3.5T	CTY4JN	CTY8
铲斗	铲土角度(°)		33°~38°				
	操纵方式	液压	液压	液压	液压	液压	液压
	卸土方式	强制	自由	自由 (强制)	自由	自由	强制
行走机构	轴距(mm)		3140	3500	3600	3850	
	前轮轮距(mm)		850	900	900	1060	1600
	后轮轮距(mm)		1470	1750	1750	1759	1940
	前轮胎规格		7.00-20	9.00-20	9.00-20	(11.0-20)16	14.00-24
	后轮胎规格		7.00-20	9.00-20	9.00-20	7.00-20	18.00-24
外形尺寸	长(mm)	10080	4890	5748(7107)	5848	6100	8850
	宽(mm)	3400	2088	2518(2620)	2518	2790	3190
	高(mm)	3415	2310	2346(2040)	2411	2550	2340
整机质量(t)		14.37	1.6	2.5(3.34)	2.78	3.21	7.5
生产厂		黄河厂	泗阳铲运机制造厂				

（2）自行式铲运机的主要技术性能

自行式铲运机的主要技术性能见表 7-3。

自行式铲运机主要技术性能　　　　　表 7-3

机械型号			6~8m³	CL7	CL9	621E	631E	SM150
发动机	型号		6135	6135k-12d	6135k-12d	CAT3406B	CAT3408	SKODAMS 634
	额定功率(kW)		88.3	141.3	141.3	246	336	148×2 (双台)
	额定转速(r/min)		1500	2100	2100	1900	2000	2000
液压系统压力 转向系统压力 (MPa)				10	14 17.2	15.5	15.86	
铲斗	平装容量(m³)		6	7	9	10.7	16.1	10.6
	堆尖容量(m³)		8	9	11	15.3	23.7	15
	切削宽度(mm)		2600	2700	2700	3023	3512	2850
	切土深度(mm)		300	300	300	333	437	220
	卸土方式		强制式	强制式	强制式	强制式	强制式	强制式
	操纵方式		机械式	液压	液压	液压	液压	液压
行走机构	车速/(km/h)	一挡前进 (后退)	4.2 (4.8)	6	7	5 (9.2)	6.1 (7.6)	9 (18)
		二挡前进 (后退)	7.4	13	14	9	10.7	19

机械型号		6～8m³	CL7	CL9	621E	631E	SM150
行走机构	车速/(km/h)	三挡	15.0	28	24	11.4	14.5	21
		四挡	28.0	36	40	15.4	19.5	42
		五挡				20.8	26.4	
		六挡				28.2	35.6	
		七挡				38.0	48.3	
		八挡				51.3		
	最小转弯半径(m)			7	7	10.9	12.217	
	最小离地间隙(mm)			420	400	523	545	470
	制动距离(m)				≤20			
	制动气压(MPa)				0.68～0.7			
车轮	前轮数		2	2	2	2	2	2
	后轮数		2	2	2	2	2	2
	前轮规格		21.00-24	23.5-25-16PR		33.25-29	37.25-35	26.5-29
	后轮规格		18.00-24	23.5-25-16RR		33.25-29	37.25-35	26.5-29
	前轮胎/后轮胎充气压力(MPa)		0.25/0.35	0.32/0.35	0.39/0.42			0.4/0.4
	轴距(mm)		5840	5927	5920	7720	8769	7200
	前轮距(mm)		2080	2100	2100	2210		2200
	后轮距(mm)		1929	2100	2100	2180	2464	2200
外形尺寸	长(mm)		10392	10025	10000	12930	14282	13170
	宽(mm)		3076	3292	3292	3470	3938	3140
	高(mm)		2950	3000	2996	3590	4286	3550
整机质量(t)			14	17.3	17.7	30.479	43.945	25.6
生产厂			厦门机械厂	郑州工程机械厂		卡特彼勒(徐州)公司		黄河机械厂

（二）铲运机的工作装置

1. 拖式铲运机的工作装置

CT-6 型铲运机的工作装置，由铲土斗、拖杆、辕架、尾架、操纵机构和行走机构等组成，如图 7-1 所示。

拖杆一端连接铲运斗，另一端与履带式拖拉机连接。行走装

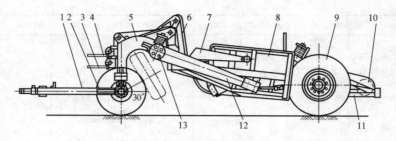

图 7-1　CT-6 型铲运机的工作装置

1—拖杆；2—前轮；3—卸土钢丝绳；4—提升钢丝绳；5—辕架曲梁；

6—斗门钢丝绳；7—前斗门；8—铲土斗体；9—后轮；10—蜗形器；

11—尾架；12—辕架臂杆；13—辕架横梁

置由两根半轴上的后轮和一根前轴上的前轮组成，车轮为充气橡胶轮胎。钢丝绳操纵机构由提升钢丝绳、卸土钢丝绳、拖拉机后部的绞盘、斗门钢丝绳和尾架上的蜗形器等组成。在作业中，操纵系统可分别控制铲土斗的升降，斗门的开启、关闭，强制式卸土板的前移。卸土板的复位是靠蜗形器来完成的。如图 7-2 所示，蜗形卷筒钢丝绳的一端连接于卸土板的背部，另一端绕过蜗形器上的蜗形卷筒绳槽固定在蜗形器壁上；弹簧筒钢丝绳一端绕在蜗形器的圆形卷筒上，另一端穿过回位弹簧连接在弹簧压盘上卸土板的复位是由回位弹簧的张力拉动蜗形卷筒钢丝绳来进行的。

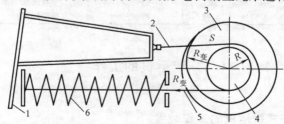

图 7-2　蜗形器工作原理

1—卸土板；2—蜗形卷筒钢丝绳；3—蜗形卷筒；4—圆形卷筒；

5—圆形卷筒钢丝绳；6—回位弹簧

铲土斗由铲土斗体和前斗门等组成，是铲运机的主体结构。在铲土斗体的前面除了有可启闭的前斗门外，还安装有切土的刀片。刀片中间稍突出，以减少铲土作业中的阻力。在斗体的后部装有尾架和蜗形器，斗体内部后壁设有强制卸土的卸土板。

2. 自行式铲运机的工作装置

自行式铲运机一般由单轴牵引车和铲土斗两部分组成。牵引车为铲运机的动力头，由发动机、传动系统、转向系统、车架等组成。铲土斗是铲运机的作业装置，其基本结构与拖式铲运机的铲土斗类似。

自行式铲运机为液压操纵，即铲斗升降、斗门启闭、卸土板前后移动均由各自的液压油缸控制。液压缸的压力油由发动机驱动的液压泵供给。自行式铲运机铲土斗的尾端装有顶推板，借助顶推板增加牵引力，适应铲土作业的需要，提高作业效率。

自行式铲运机的工作装置包括转向枢架、辕架、前斗门或升运机械、铲运斗体及尾架等。

（1）转向枢架

自行式铲运机靠转向枢架连接牵引车和铲运斗。如图 7-3 所示。国产 CL7 型自行式铲运机的转向枢架由上、下立轴，枢架体，水平轴等组成。枢架体 3 的下部带有向下的凹口，可通过水平轴 6 安装在牵引车后部的牵引梁 5 上。枢架体上部带有向后的凹口，可通过下立轴 1 和上立轴连接着曲梁前端的牵引座 2，使铲运斗和牵引车呈铰接，有利于转向。

转向枢架一般通过一垂直铰与辕架相连，允许牵引车相对于辕架、铲运斗及后轴向左右各转一定的角度，以减小铲运机转弯半径。转向枢架下部通过一纵向水平铰与牵引车相连，使牵引车可相对于辕架左右各摆一定角度，以保证铲运机在不平地面作业时全轮同时着地。另用限位块限制其摆量为 $\pm 15° \sim \pm 20°$。如图 7-4（a）所示，这种纵向单铰连接的缺点是横向稳定性差，因为当牵引车一侧轮胎落入凹处时，铲运斗经转向枢架作用到牵引车

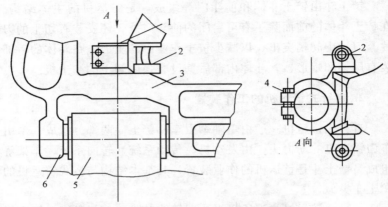

图 7-3 国产 CL7 型自行式铲运机转向枢架

1—下立轴；2—牵引座；3—枢架体；4—紧固螺栓；5—牵引梁；6—水平轴

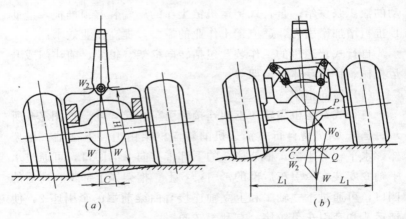

图 7-4 转向枢架与牵引车的连接方式

(a) 纵向单铰连接；(b) 四杆机构连接

上的重力（垂直载荷）W 的横向分力 W_y 形成的力矩 $W_x \cdot H$，使落在凹处的车轮加载，轮胎变形增加，而另一侧轮胎减载、轮胎变形减小，因此，使牵引车更加倾斜，如此恶性循环，直到与限位块相抵时为止。

自行式铲运机转向枢架与牵引车连接的另一种方式，是类似

WS16S-2型铲运机采用的四杆机构，如图7-4（b）所示。当牵引车一侧车轮落入凹处时，转向枢架向另一侧横移，前轴所受铲运机重力的合力的作用到 P 点，使落在凹处的车轮荷重减少，另一侧车轮的荷重增加，使牵引车的倾斜程度减少，因此可提高

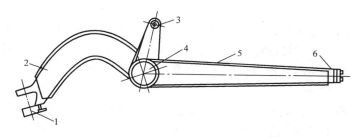

图 7-5   国产 CL7 型自行式铲运机辕架

1—牵引架；2—曲梁；3—提升液压缸支座；4—横梁；

5—臂杆；6—铲运斗球销连接

铲运机在不平地面上作业及运行时的稳定性。

（2）辕架

辕架主要由曲梁（俗称象鼻梁）和Ⅱ形架组成，如图7-5所示。曲梁2用钢板焊接成箱形断面，其后端焊接在横梁4的中部。臂杆5也为整体箱形断面，按等强度原则作变断面设计，其前部焊接在横梁的两端。因横梁在铲运机作业中主要受扭，故作圆形断面设计。连接座6为球形铰座。

其他机型的辕架与CL7型铲运机的相似，只

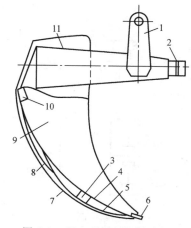

图 7-6   CL7 型铲运机前斗门

1—斗门液压缸支座；2—斗门球销连接座；3、10—加强槽钢；4—前壁；5、8—加强板；6—扁钢；7—前罩板；9—侧板；11—斗门臂

121

是在曲梁和横梁上设有安装斗门的液压支架。

（3）铲运斗

自行式铲运机的铲运斗通常由斗体、前斗门、斗底门、卸土板（后壁）及尾架等组成。

1）前斗门

CL7 型铲运机前斗门结构如图 7-6 所示，它由钢板及型钢焊接而成。斗门可绕球销连接座 2 转动，以实现启闭。侧板 9 可将斗门体和斗门臂连为一体，并加强斗门体的强度和刚度。

2）斗体

自行式铲运机的斗体结构如图 7-7 所示，它主要由对称的左、右侧板 6，前、后斗底板 3 及 13 和后横梁 12 组焊接而成。两侧对称地焊上辕架连接球轴 9、前斗臂连接轴座 10、斗门升降

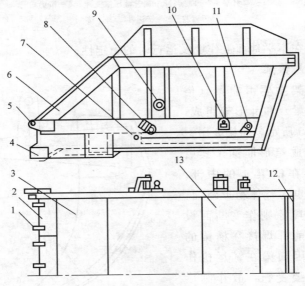

图 7-7　CL7 型铲运机的斗体

1—铲齿；2—铲刀；3—前斗底板；4—侧刀片；5—铲运斗升降液压缸连接吊耳；
6—侧板；7—斗底门碰撞块；8—斗门升降液压缸连接轴座；9—辕架连接球轴；
10—斗门升降臂连接轴座；11—斗门扒土液压缸连接轴座；12—后横梁；
13—后斗底板

122

油缸连接轴座 8、斗门扒土油缸连接轴座 11 和铲运斗升降连接吊耳 5 等。斗体前端的铲刀 2、铲齿 1 和侧刀片 4 是装配式连接的，磨损后可以更换。斗底门碰撞块 7 的作用是当斗底门向前推动时，其前端两侧的杠杆接触到碰撞块后斗底门的活动板就关闭；反之，斗底门后退时活动板便打开。

3）斗底门

CL7 型铲运机铲运斗的斗底门是一活动部件，见图 7-8，由四个悬挂轮系挂在斗体两侧的槽中。轮轴是偏心的，可以调整与底板 3 的间隙。斗底门的前部是一个活动板 1，它可以转动。推杆 4 与铲运机后面的推拉杆连接。斗底门的作用主要是卸土，活动板在卸土时可以刮平铺层。在铲装过程中，活动板在斗体上的碰撞块的作用下关闭。后斗门即铲运斗的卸土板。推拉杠杆是两组 V 形杠杆，其上端用同一轴线的两销连接，下端销轴分别与斗底板和后斗门铰接。两 V 形杠杆中部的孔则分别与油缸活塞杆、油缸体铰接。斗底门与后斗门是联动的，由一个卸土液压缸完成动作。联动过程中由于斗底门的移动力小于后斗门的，所以斗底门总是先移动，后斗门后移动。

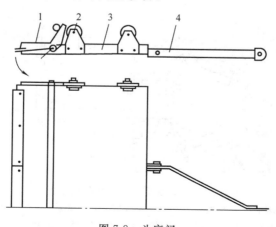

图 7-8 斗底门

1—活动板；2—悬挂轮系；3—底板；4—推拉杆

（三）铲运机的液压系统

以 CL7 型自行式铲运机为例，介绍铲运机的液压系统。CL7 型铲运机液压系统包括液压转向系统和工作装置液压系统。

1. 液压转向系统

CL7 型铲运机采用铰接式车体转向，利用液压四连杆机构靠液压缸驱动，其液压系统原理如图 7-9 所示。

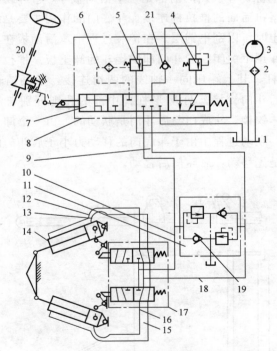

图 7-9　CL7 型铲运机液压转向系统

1—油箱；2—过滤器；3—液压泵；4—溢流阀；5—流量控制阀；6—控制油路；7—分配阀；8—分配阀组；9、10、12、13、15、16、18—外管路；11—双作用安全阀；14—转向液压缸；17—换向阀；19、21—单向阀；20—转向机构

转向机采用球面蜗杆滚轮式。转动方向盘通过转向垂臂及拉杆操纵分配阀，实现左、右转向或直线行驶。阀杆拉出与推进行程为9.5mm，中间位置保证车辆直线行驶。双作用安全阀11是用来消除由于道路不平、驱动轮碰到障碍物而引起的作用在液压缸内的冲击负荷。

2. 工作装置液压系统

CL7型铲运机工作装置的液压系统原理，如图7-10所示。齿轮泵1由动力输出箱带动。铲运斗升降液压缸8和9、斗门升降液压缸14和15、斗门扒土液压缸12、斗门开闭液压缸13、卸土油缸10等7个工作液压缸都可用手动多路阀5控制，其中的斗门升降液压缸及扒土液压缸因动作频繁，故增设了自动控制。多路换向阀装在驾驶室右侧箱体内，由三组三位六通阀、单向阀和安全阀等组成。从液压泵输出的压力油通过多路换向阀，分别使各液压缸动作，完成铲斗升降、斗门开闭、卸土板进退等动作。

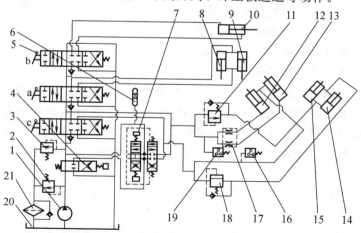

图 7-10　CL7 型自行式铲运机工作装置液压系统
1—油泵；2、3—溢流阀；4—电液切换阀；5—多路阀；6—缓冲器；7—电液换向阀；
8、9—铲运斗升降液压缸；10—卸土液压缸；11、18—顺序阀；12—斗门扒土液压缸；13—斗门启闭液压缸；14、15—斗门升降液压缸；16、19—压力继电器；
17—同步器；20—油箱；21—滤油器；a、b、c—手动阀当油泵压力油先流经二位四通电液切换阀 4 而此阀不通电时，压力油进入手动三联多路阀 5。该阀三个手柄都处于中位时，压力油将流回油箱，形成卸荷回路。当手动阀 C 左移时，压力油便进入顺序阀 11 和同步阀 17。由于顺序阀调定压力为 7MPa，所以压力油先经同步阀进入斗门扒土液压缸的下端，使其活塞上移，斗门便收拢扒土，当斗门扒土油缸的活塞上移到顶，油压大于 7MPa 时，压力油顶开顺序阀并进入斗门升降油缸的下端，使其活塞上移并带动斗门上升。斗门上升到顶后将手动阀换向，压力油便先后进入斗门开闭油缸和斗门升降油缸的上端。由于斗门升降液压缸上端的进油要经过顺序阀 18，所以压力油先进入斗门开闭油缸的上端，其活塞下移使斗门开启。活塞下移到底后，油缸上腔油压增高，油压大于 2MPa 时油液便顶开斗门下降。因此，由于顺序阀的作用，手动阀每一次换向，斗门就可以完成扒土上升和开启下降两个动作。

铲运机装满一斗土需要扒土 5～6 次，手动阀需换向 10～12 次，造成驾驶员操作的频繁、紧张。为了改善铲运机的操作性能，液压系统中增加了电液换向阀 7 和压力继电器 16、19，使斗门运动自动控制。其工作原理是：当电液切换阀 4 激磁后，油泵输出的油液被切换到电液换向阀，向斗门开闭油缸、斗门升降油缸供油。油缸动作顺序与手动控制的相同。斗门上升到顶时油压升高，压力继电器 16 动作，产生电信号，使电液换向阀 6 自动换向。反之，斗门下降到底后压力继电器 19 动作，又产生一个电信号，电液换向阀 6 又自动换向。如此循环 5～6 次后自动停止。

铲运斗的升降及卸土板的前后移动是由手动阀 a、b 控制：当电液切换阀不通电时，油泵输出的油液便进入手动多路阀 5，操纵阀 a 使压力油进入铲运斗升降油缸可实现铲运斗升降；操纵阀 b 使压力油进入卸土油缸 10，可实现铲运机卸土和卸土板回位。回油均从多路阀 5 流回油箱。

调换为了防止油泵过载，该液压系统中设有先导式大通径溢流阀 3，因为该阀灵敏度较低，所以又增设了小通径直动式溢流阀 2。

为了减小电液换向阀换向时的压力脉冲，该液压系统中装有囊式缓冲器 6。考虑到斗门扒土负载不可能两侧相等，但又要求斗门扒土油缸活塞的伸缩在两侧负载不同时基本同步，所以装有同步阀 17。

（四）铲运机的使用

铲运机主要用于大规模土方工程中，常应用于大面积场地平整，开挖大型基坑，填筑堤坝和路基等，如铁路、农田水利、机场、港口等工程，在公路工程施工中特别是大规模路基施工时一种理想的生产效率高、经济效益好的土方施工运输机械，可以依次连续完成铲土、装土、运土、铺卸和整平等五个工序。铲运机对行驶的道路要求较低，操纵简单灵活，行驶速度快，生产效率高，且运转费用低。铲运机的经济作业距离一般在 100～2500m，最大运距可以达到几公里。拖式铲运机适用于运距为 80～800m 的土方工程施工，而运距在 200～350m 时效率最高。自行式铲运机适用于运距为 800～3500m 的大型土方工程施工，以运距在 800～1500m 的范围内的生产效率最高，工作速度可以达到 40km/h 以上，充分显示了铲运机在中长距离作业中具有很高的生产效率和良好的经济效益的优越性。在设计铲运机的开行路线时，应力求符合经济运距的要求。铲运机可以用来直接开挖含水量不超过 25% 的松土和普通土，对坚土（三类土）和砂砾坚土（四类土）需用松土机预松后才能开挖。铲运机还可以对土进行铺卸平整作业，将土逐层填铺到填方的地点，并对土进行一定的平整与压实。

在国外，大型铲运机的应用是非常普遍的，特别是在经济发达国家，由于其综合经济效益好而受到普遍的青睐。目前，美国生产的铲运机斗容量已达 38m³ 以上，功率超过 400kW。美国知名的雷诺兹（REYNOLDS）公司是目前世界上规模最大的拖式铲运机专业生产厂，其斗容量从 $3.8\sim13.7m^3$，40 多个型号，而且由于应用了新技术、新结构，如将铲刀刃连接在曲柄机构上和利用激光制导，使铲刀刃控制在水平面内，提高了铲运机的寿命、工效，降低能耗和改善作业的质量。拖式铲运机以其特有的功效已逐步替代了自行式铲运机。美国雷诺兹公司还根据用户的要求，提供专用的铲运机，如 LS 和 GL 系列的精整铲运机，E 系列的强排式铲运机，LSE 系列的激光铲运机，CFB 系列的固定铲刀铲运机，CARRYALL 系列的多功能铲运机。多种系列拖式铲运机设有后挂钩及液压输出端口，可用于牵挂第二台铲运机同时作业。

由于铲运机集铲、运、卸、铺、平整于一体，因而在土方工程的施工中比推土机、装载机、挖掘机、自卸汽车联合作业具有更高的效率与经济性。在合理的运距内一个台班完成的土方量，相当于一台斗容量为 $1m^3$ 的挖掘机配以四辆载重 10t 的自卸车共完成 5 名司机完成的土方量，其技术经济指标高于 $5\sim8$ 倍。

1. 铲运机的选择

铲运机的选择应按施工条件及经济效果两个方面选择最合适的类型。应根据不同机型的特点和适用范围选择经济机种，无论自有设备还是租赁设备，都应经过详细成本核算，综合考虑，多方案比较后，选择工效高、成本低的机型。

铲运机的选择主要取决于运距、物料特性、道路状况等具体施工条件，其中经济运距及作业的阻力是选用铲运机的主要依据。

（1）按运距选用

按运距选用是选用铲运机的基本依据，在 $100\sim2500m$ 的运距范围内，土方工程的最佳装运设备是铲运机，一般是斗容量小运距短，而斗容量大则运距大。目前美国雷诺兹公司生产的多个型号铲运机，最佳运距达 500m 或更长。

1）当运距小于 70m 时，铲运机的性能不能充分发挥，应采用推土机施工。

2）当运距在 70～300m 时，可选择小型铲运机，其经济运距为 100m 左右。

3）当运距在 300～800m 时，可选择中型铲运机，其经济运距为 500m 左右。

4）当运距在 800～2000m 时，可选择自行式铲运机，其经济运距为 1500m 左右。

5）当运距超过 2000m 时，可选择大型或特大型自行式铲运机，其经济运距在 3000m 左右。同时，也可选择挖掘机配自卸汽车挖运。两者应从效率和经济性进行分析和比较，选择施工速度快、成本低的方案。

（2）按铲运的物料特性选用

一般铲运机适用于Ⅱ类以下土质中使用；如果是Ⅲ类土，则可选择重型履带拖拉机牵引的铲运机，或用推土机助铲；若为Ⅳ类土，应预先进行翻松，然后选择一般铲运机都可以。铲运机最适宜的含水量为 25％以下的松散砂土和黏性土中施工，而不适合在干燥的粉砂土和潮湿的黏土中施工，更不适合在潮湿地带、沼泽地带及岩石类地区作业。

（3）按施工地形选用

利用下坡铲装和运输可以提高铲运机的生产率。适合铲运机作业的最佳坡度为 7°～8°。因此从路旁两侧土坑中取土填筑路堤（高度为 3～8m）或两侧弃土挖深 3～8m 的路堑作业（纵向运土路面应平整，坡度不应小于 1：10～1：12），大面积平整场地，铲平大土堆及填挖大型管道沟槽和装运河道土方等工程最为适用。

（4）按机种选用

主要依据土质、运距、坡度和道路条件选用铲运机的机种。目前，在国外升运式铲运机得到广泛的应用，因为升运式铲运机可在不用助铲机顶推下装满铲斗；功率负荷在作业时的变化幅度小，仅为15%，而普通铲运机需要40%左右，双发动机升运式铲运机能克服较大的工作阻力，因此装运物料的范围较宽，并能在较大的坡度上作业。

2. 铲运机的施工方法

铲运机的作业过程包括铲土、重车运土、卸土、空车返回四个过程。铲运机的工作装置是铲斗，铲斗前方有一个能开启的斗门，铲斗前设有切土刀片。切土时，铲斗门打开，铲斗下降，刀片切入土中。铲运机前进时，被切下的土挤入铲斗；铲斗装满土后，提起铲斗，放下斗门，将土运至卸土地点。随土壤的类别、坡度及填土厚度不同，在各个工作过程中需要不同的牵引力和不同的行驶速度。一般铲土时，用一二挡速度；重车运土时，用三四挡速度；卸土时，用二挡速度；空车开行时，用五挡速度。如图 7-11 所示为铲土、斗门关闭、运土和卸土板前移、铲土机卸土时工作装置液压缸的工作情况。

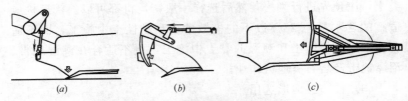

图 7-11　铲运机工作装置液压油缸工作情况
(a) 铲运机铲土、铲斗液压缸活塞杆伸出；(b) 斗门关闭、铲运机运土、斗门液压缸活塞杆外伸；(c) 卸土板前移、铲运机卸土、卸土液压油缸活塞杆外伸

在选定铲运机斗容量后，其生产率的高低主要取决于机械的开挖路线和施工方法。

(1) 铲运机的开行路线

铲运机运行路线应根据填方、挖方区的分布情况并结合当地具体条件进行合理选择。一般有以下几种形式：

1) 环形路线

这是一种简单又常用的路线。当地形起伏不大，施工地段较短时，多采用环形路线。根据铲土与卸土的相对位置不同，分为两种情况，每一循环只完成一次铲土和卸土，如图 7-12 所示。作业时，应每隔一定时间按顺、逆时针方向交换行驶，避免仅向一侧转弯，可避免机械行走部分单侧磨损。适用于长 100m 以内、填土高 1.5m 以内的路堤、路堑及基坑开挖、场地平整等工程采用。

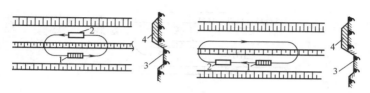

图 7-12　环形路线

1—铲土；2—卸土；3—取土坑；4—路堤

2）大环形路线

从挖方到填方都按封闭的环形路线回转。当挖填交替且挖填方之间的距离又较短，而刚好填土区在挖土区的两端时，则可采用大环形路线，如图 7-13 所示。其优点是一个循环能完成多次铲土和卸土，减少铲运机的转弯次数，工作效率。此法也应经常调换方向行驶，以免机械行走部分单侧磨损。适用于作业面很短（50～100m）和填方不高（0.1～1.5m）的路堤、路堑、基坑及场地平整等工程采用。

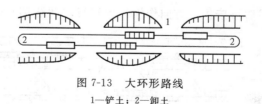

图 7-13　大环形路线

1—铲土；2—卸土

3）"8"字形路线

装土、运土和卸土，轮流在两个工作面上进行，每一循环完成两次铲土和两次卸土作业，如图 7-14 所示。这种运行路线，装土、卸土沿直线开行，转弯时，刚好把土装完或卸完，但两条路线间的夹角应小于60°，比环形路线运行时间短，减少了转弯次数和空驶距离。同时一次循环中两次转弯方向不同，可避免机械行驶时的单侧磨损。适用于挖管沟、沟边卸土或取土坑较长（300～500m）的侧向取土、填筑路基以及起伏较大的场地平整等工程。

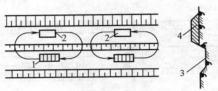

图 7-14 "8"字形路线

1—铲土；2—卸土；3—取土坑；4—路堤

4）连续式运行路线

铲运机在同一直线段连续地进行铲土和卸土作业，此法可消除跑空车现象，减少转弯次数，提高工效，同时还可使整个填方面积得到均匀压实。适用于大面积场地平整填方和挖方轮次交替出现的地段采用。

5）锯齿形运行路线

铲运机从挖土地段到卸土地段以及从卸土地段到挖土地段都是顺转弯，铲土和卸土交替地进行，直至作业段的末端才转180°弯，然后再按相反方向作锯齿形运行。此法调头转弯次数减

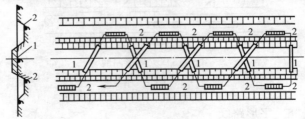

图 7-15 锯齿形运行路线

1—铲土；2—卸土

少，同时运行方向经常改变，使机械磨损减轻。适用于作业地段很长（500m以上）的路堤、堤坝等修筑时采用。如图 7-15 所示。

6）螺旋形运行路线

铲运机呈螺旋形运行，每一循环装卸土两次。此法可提高工效和压实质量。适用于填筑很宽的堤坝或开挖很宽的基坑、路堑。

（2）提高生产率的方法

生产效率主要决定于铲斗装土容量及铲土、运土、卸土和回程的工作循环时间。为了提高铲运机的生产率，还应根据施工条件采取不同施工方法，以缩短装土时间。

1）下坡铲土法

铲运机顺地形进行下坡铲土，借助铲运机的重力，加深铲斗切土深度和充盈数量，缩短铲土时间，可提高生产率 25％左右。一般地面坡度 3～9°为宜，但最大坡度不得超过 20°。铲土厚度以 20cm 为宜。平坦地形可将取土段的一端先铲低，然后保持一定坡度向后延伸，人为创造下坡铲土条件。一般保持铲满铲斗的工作距离为 15～20m。在大坡度上应放低铲斗，低速前进。适用于斜坡地形大面积场地平整或铲土回填沟渠采用。

2）跨铲法

在较坚硬的土内挖土时，可采用间隔铲土，预留土埂的方法。土埂两边沟槽深度以不大于 0.3m、宽度在 1.6m 以内为宜。这样，铲运机在间隔铲土时由于形成一个土槽，可减少向外撒土量；铲土埂时增加了两个自由面，阻力减小，达到"铲土快，铲土满"的效果。一般土埂高不大于 300mm，宽度不大于拖拉机两履带间的净距。适合于较坚硬的土铲土回填或场地平整。

3）助铲法

在坚硬的土层中铲土时，使用自行式铲运机，另配一台推土机在铲运机的后拖杆上进行顶推，以加大铲刀切土能力，可以缩短每次铲土时间，装满铲斗，可提高生产率 30％左右。推土机在助铲的空隙可兼作松土或平整工作，为铲运机创造作业条件。实行助铲法时，取土场宽度不宜小于20m，长度不宜小于40m。此法的关键是铲运机和推土机的配合，一般一台推土机可配合3～4台铲运机助铲。铲运机的半周行程距离不宜小于250m，几台铲运机要适当安排铲土次序和运行路线，互相交叉进行流水作业，以发挥推土机效率。适合于地势平坦、土质坚硬、长度和宽度均较大的大型场地平整工程采用。

4）交错铲土法

铲运机开始铲土的宽度取大一些，随着铲土阻力的增加，适当减少铲土宽度，使铲运机能很快装满土。当铲第一排时，互相之间相隔铲斗一半宽度，铲第二排土则退离第一排铲土长度的一半位置，并和第一排所铲各排交错开，以下所铲各排都和第二排相同。适用于一般坚硬土质的场地平整。

5）双联铲运法

铲运机运土时所需牵引力较小，当下坡铲土时，可在铲斗后面再串接一个铲斗，使两个铲斗一起一落依次铲土、装土，这样可提高工效20％～30％。适用于较松软的土，进行大面积场地平整及筑堤时采用。

（3）铲土长度

铲运机应避免在转弯时铲土，否则，铲刀受力不匀，容易引起倾翻事故。因此，为了充分发挥铲运机的效能，保证能在直线上铲土并装满铲斗，施工中必须确定其运行路线上铲土区的最小铲土长度。

铲土区最小铲土长度 L_{min}，可按下式计算：

$$L_{min} = L_c + L_G - L_D$$

L_c 由下式计算：

$$L_c = \frac{q(1+K)K_1}{bc} \tag{7-1}$$

式中　L_G——铲运机机组长度，m；

134

L_D——从铲刀到铲斗尾部的距离，m；

L_c——计算铲土长度，m；

q——铲斗容量，m³；

K——铲斗门前所形成的土堆体积和铲斗容量的比值，松软土、中等密度和密实的土分别为 0.27、0.10、0.5；

K_1——铲斗容量利用系数，松软土、中等密度和密实的土分别为 1.26、1.17、0.95；

c——平均铲土深度，m，松软土、中等密度和密实的土分别为 0.15、0.06、0.03；

b——铲刀宽度，m。

3. 铲运机的生产率

（1）铲运机生产率的计算

1）铲运机的小时生产率

即单位时间（h）内完成的土方量（m³），其计算公式如下：

$$Q_h = \frac{3600 q K_c K_B}{T_c K_s} \tag{7-2}$$

式中　Q——铲运机的小时生产率，m³/h；

q——铲斗容量，m³；

K_B——时间利用系数，一般取 0.85～0.95；

K_c——铲斗装土的充满系数（一般砂土为 0.75；其他土为 0.85～1.3）；

K_s——土的可松性系数。Ⅰ类土 1.08～1.17，Ⅱ类土 1.14～1.28，Ⅲ类土 1.24～1.30，Ⅳ类土 1.28～1.32；

T_c——从挖土开始到卸土完毕，每循环延续的时间，s；

可按下式计算

$$T_c = t_1 + \frac{2l}{v_c} + t_2 + t_3 \tag{7-3}$$

式中 t_1——装土时间，一般取 $60\sim90s$；

l——平均运距，由开行路线定，m；

v_c——运土与回程的平均速度，一般取 $1\sim2m/s$；

t_2——卸土时间，一般取 $15\sim30s$；

t_3——换挡和调头时间，一般取 $30s$。

2）铲运机台班生产率 Q_d，按下式计算：

$$Q_d = 8Q_h K_B \tag{7-4}$$

（2）提高铲运机生产率的措施

1）改进铲斗结构和形状是提高生产率的重要措施之一。一般采用的改进方法有：

① 使用带齿的和其他形状的刀片、松土齿、箕状装置，改变切削角等，以降低切削阻力；

② 采用曲面的或可移动的斗底和导向装置、伸缩式铲斗、双后壁铲斗等。以降低铲装阻力；

③ 使用滑板以及带式和链板式支承装置配合斗门共同工作，以降低斗门前堆积土的推移阻力。

2）提高铲土斗充满系数：

不同的土和不同的铲装方式都影响铲土斗的充满系数，因此，可采取以下措施：

① 根据现场具体施工条件，选择合理的开行路线和施工方法；

② 在铲运机上加装松土齿，利用回程进行松土；

③ 选择填方土源时，在满足设计要求的前提下，尽可能选用Ⅰ、Ⅱ类土；

④ 顶推助铲是提高自行式铲运机铲土斗充满系数的最有效措施。

3）缩短作业循环时间：

① 提高行驶速度。

铲土时，用一、二挡速度；运土时，用三、四挡速度；卸土时，用二挡速度；空车开行时，用五挡速度。良好的道路是快速运行的关键，应利用机械回驶时进行平整，或配专人清理维护。

② 缩短铲土、运土、卸土时间。

根据土壤性质、机械能力、现场施工条件等情况，选择最佳的铲土方式和铲土顺序，争取在最短时间内铲满铲斗；合理选择开行路线，行驶中尽量减少换挡和其他停歇时间，并以最快速度将土卸完。

4）提高时间利用系数。

平时注意机械设备的维护保养，减少故障。提前做好机械作业准备工作，减少占用作业时间来做准备工作。合理组织施工，避免工序之间或机械之间相互干扰等。

5）避免运土途中土的漏失。

铲运机在运土途中要求铲土斗关闭严密，操作平稳，避免机身摇晃和紧急制动。

4. 铲运机操作要点

（1）铲运Ⅲ级以上土壤时，应先用推土机疏松，每次铲土深度为 200～400mm，在铲装前应清除树根、杂草、石块等。

（2）施工前，应踏看施工现场及便道情况，要保证道路平整、安全畅通。拖式铲运机行驶的道路应比机身宽出约 2m。自行式铲运机行驶单行道宽度不小于 5.5m（或车宽的 1.5 倍），超、会车时，两车净距不得小于 1m。

（3）作业前，应认真检查钢丝绳、轮胎气压、斗门、铲土斗及卸土板回位弹簧、拖杆方向接头、撑架及各部滑轮等是否灵敏、牢固、可靠，制动系统应完好有效。液压式铲运机铲斗和拖拉机连接的叉座及牵引连接块应锁定，各液压管路连接应可靠，确认正常后，方可起动。

（4）开动前，应使铲土斗离开地面，机械周围应无障碍物，确认安全后，方可开动。

（5）确定合理的作业路线，应尽量采取下坡铲土，坡度以

7°～8°为宜，这样易于装满斗，同时可以缩短铲装土和卸土的运行时间。

（6）大型土方铲土时，可利用推土机专门给铲运机顶推助铲。

（7）在铲运机作业中，严禁用手触摸钢丝绳、滑轮、绞盘等部位，严禁任何人上下机械，传递物件，铲土斗内、拖杆或机架上严禁有人坐立。

（8）多台铲运机联合作业时，拖式铲运机前后净距不得小于10m，铲土时不得小于5m，交叉、平行或超越行驶时的并行间距不得小于2m。两机相会应减速慢行；自行式铲运机在工地纵队行驶时，前后间距不得小于20m，铲土时不得小于10m。行驶中应遵守下坡让上坡、空载让重载、支线让干线的原则。

（9）铲运机铲斗位置不正时，不准铲土，若在所填土基上作业时，一定要注意松土路基造成倾翻的危险，尤其在高填土或半坡填土作业时，其外侧一般离坡沿最少应在1～1.5m以上，并要有专人指挥。

（10）严禁在大于15°的横坡上行驶，如必须在陡坡上行驶，必须在采取切实可靠的安全措施后，方可低挡行驶。

（11）禁止铲运机在陡坡上转弯、倒车或停车，在斜坡上横向卸土时严禁倒退，下坡时若车速较快制动有困难或有倾倒危险时，除使用制动器外，还可将铲土斗下放轻触地面进行辅助制动。在坡边缘卸土，距离边坡不小于1m，斗底提升高度不得超过200mm，以防整机倾翻。

（12）拖式铲运机行驶中严禁把铲斗和斗门提升到最高点，以免在转弯时将钢丝绳崩断；下坡时应放下铲运机斗作辅助制动，严禁空挡滑行。

（13）作业中，要经常注意仪表指示标志的工作情况；整机各部运行无异响。

（14）作业中，要经常注意施工指示标志及地下构造物、电缆等设施，确保施工安全。

（15）作业中除驾驶室按规定乘坐外，其他部位不准搭乘人员。

（16）经过桥梁、水坝或排水沟时，要先查清承载能力，避免发生事故。在傍山不平的道路上行走时，铲斗应提升到适当位置，下坡时不得空挡滑行；在斜坡上停机，除全制动外，还应在轮胎和推土机前后方向分别楔上三角木块。

（17）机械在运行夜间施工作业时，要有良好的照明设备和专业指挥人员进行指挥。

（18）作业中，严禁保养和修理。

（19）作业后，不准将铲运机停放在斜坡上。应将整机停放在平坦的地方，斗门、推板回位，铲斗落地，整机全制动后，停机熄火。液压操纵的铲运机应将液压缸缩回，将操纵杆放在中间位置后进行清洁、润滑。

（20）必须有人进入铲土斗体内保养或检修时，要先插好安全销，以免卸土板复位伤人。

（21）在检修和保养时，一定要对大活动件采取安全防护措施，如修理斗门或在铲斗下检修作业时，必须将铲土斗提起后用销子或锁紧链条固定，再用垫木将斗门顶住，并用木楔楔住轮胎，再行保修。

（22）转移工地或板车拖运时，一定要注意不能超宽、超高。如拆开分运时，必须垫稳、捆牢、楔好后进行。

（23）非作业行驶时，铲土斗必须用锁紧链条挂牢在运输行驶位置上，机上任何部位都不可载人或装载易燃、易爆物品。

八、平　地　机

平地机是用装在机械中央的铲土刮刀进行土壤的切削、刮送和整平连续作业，并配有其他多种辅助作业装置的轮式土方施工机械。具有推移、平整、疏松、拌合、回填铺路材料和耙平材料等功能，主要用于大面积的场地平整；路基路面的整形；砾石或砂石路面维修；挖沟、草皮或表层土的剥离；修整斜坡与边沟以及填筑路堤等切削平整作业。配置推土铲、土耙、松土器、除雪犁、压路辊等附属装置、作业机具时可进一步扩大使用范围，提高工作能力或完成特殊要求的作业。因此，平地机是一种高速、高效、高精度和多用途的土方工程机械，被广泛用于公路、铁路、机场、停车场、城市道路等大面积场地的平整作业，也被用于路堤整形及林区道路的整修等作业。在土方工程中，具有不可替代的独特作用。

（一）平地机的分类及特点

1. 平地机的分类

按行走方式可分为自行式和拖式两类。自行式平地机因其机动灵活、生产率高而广泛采用；早期生产和使用的拖式平地机，由于机动性差、操纵费力，已被淘汰。

按工作装置和行走装置的操纵方式分为机械操纵和液压操纵两种。目前自行式平地机的工作装置基本上都采用液压操纵。

按铲土刮刀的长度和发动机的功率大小可分为轻型、中型和大型三种。

按行走车轮数可分为四轮和六轮两种。四轮平地机是前、后桥各两轮，用于轻型平地机；六轮平地机是前桥两轮、后桥四轮，用于大中型平地机。

按车架的形式可分为整体式车架和铰接式车架两种。整体式车架是前后车架为整体，这种车架刚性好，也称刚性机架，如中外发展公司的 PY160B 型平地机。铰接式车架是将两者铰接，用液压缸控制其转动角，使平地机获得更小转弯半径和更好的作业适应性。国内外平地机厂家大多采用此种结构，如美国卡特公司G 系列，德国 O&K-FAUN 公司的 F 系列，中外建发展公司的PY160C 型、PY180 型和 PY200 型，常林 PY190A 型，哈尔滨四海 DRESSER800 系列等。

按车轮的转向方式可分为前轮转向、后轮转向和全轮转向。

按车轮驱动情况又可分为后轮驱动和全轮驱动。

平地机的车轮布置形式的表示方法是：车轮总轮数×驱动轮数×转向轮数，一般有：$4×2×2$、$4×4×4$、$6×6×6$、$6×6×2$、$6×4×6$、$6×4×2$ 等 6 种。国内外大多数平地机多采用 $6×4×2$（铰接机架）。国产的 PY160B 型平地机的车轮布置为 $6×4×6$；PY160C 型、PY180 型平地机的车轮布置为 $6×4×2$。

平地机的型号分类及表示方法见表 8-1。

平地机的型号分类及表示方法 表 8-1

类	组	型		特性	代号	代号含义	主参数	
							名称	单位表示法
铲土运输机械	平地机 P(平)	拖式 T(拖)		—	PT	拖式平地机	发动机功率	kW
				Y(液)	PTY	液压拖式平地机		
		自行式		—	P	机械式平地机		
				Y(液)	PY	液压式平地机		

2. 平地机的技术性能

国产及国外产的平地机的主要技术性能见表 8-2 和表 8-3。

型　号		PY180	PY160B	PY160A
外形尺寸(长×宽×高)(mm)		10280×3965×3305	8146×2575×3340	8146×2575×3258
总重量(带耙子)(kg)		15400	14200	14700
发动机	型号	6110Z-2J	6135K-10	6135K-10
	功率(kW)	132	118	118
	转速(r/min)	2600	2000	2000
铲刀	铲刀尺寸(长×高)(mm)	3965×610	3660×610	3705×555
	最大提升高度(mm)	480	550	540
	最大切土深度(mm)	500	490	500
	侧伸距离(mm)	左 1270 右 2250		1245 (牵引架居中)
	铲土角	36°～66°	40°	30°～65°
	水平回转角	360°	360°	360°
	倾斜角	90°	90°	90°
工作装置操纵方式		液压式	液压式	液压式
耙子	松土宽度(mm)	1100	1145	1240
	松土深度(mm)	150	185	180
	提升高度(mm)			380
	齿数(个)	6	6	5
液压系统	齿轮液压泵型号		CBGF1032	CBF-E32
	额定压力(MPa)	18.0	15.69	16.0
	系统工作压力(kPa)			12500
最小转弯半径(mm)		7800	8200	7800
爬坡能力		20°	20°	20°
传动系统	传动系统形式	液力机械	液力机械	液力机械式
	液力变矩器变矩系数			≥2.8
	液力变矩器传动比			
行驶速度	Ⅰ挡(后退)(km/h)		4.4	4.4
	Ⅱ挡(后退)(km/h)		15.1	15.1
	Ⅰ挡(前进)(km/h)	0～4.8	4.3	4.3

型　　号		TY180	PY160B	PY160A
行驶速度	Ⅱ挡(前进)(km/h)	0~10.1	7.1	7.1
	Ⅲ挡(前进)(km/h)	0~10.2	10.2	10.2
	Ⅳ挡(前进)(km/h)	0~18.6	14.8	14.8
	Ⅴ挡(前进)(km/h)	0~20.0	24.3	24.3
	Ⅵ挡(前进)(km/h)	0~39.4	35.1	35.1
车轮及轮距	车轮形式	3×2×3	3×2×3	3×2×3
	轮胎总数	6	6	6
	转向轮数	6	6	6
	轮胎规格	17.5~25	14.00~24	14.00~24
	前轮倾斜角	±17°	±18°	左右各18°
	前轮充气压力(kPa)			260
	后轮充气压力(kPa)		254.8	260
	轮距(mm)	2150	2200	2200
	轴距(前后桥)(mm)	6216	6000	6000
	轴距(中后桥)(mm)	1542	1520	1468~1572
	驱动轮数	4	4	4
	最小离地间隙(mm)	630	380	380
	生产厂	天津工程机械制造厂		

国外产的平地机的主要技术性能　　表 8-3

生产厂家		日本小松(公司)		美国卡特彼勒(公司)	
产品型号		GD665A-1	GD605A-1	14G	16G
外形尺寸(长×宽×高)(mm)		8270× 2375×3295	8270× 2375×3295	9220× 2840×2870	9960× 3100×3070
工作重量(kg)		12880	13060	18370	24260
发动机	型号	小松康明斯 NH220-CI		3306	3406
	功率(kW)	108	123	134	186
	转速(r/min)	1800	1800	2000	2000
铲土刮刀	尺寸(长×高)(mm)	3710×620	4010×700	4270×686	4880×790
	侧伸距离(mm)	右 2100 左 2070	右 2395 左 2310	右 3070 左 2080	右 3370 左 2310
工作装置操纵方式		液压式			

143

	最小转弯半径(m)	7.1		7.9	8.2
传动系统	传动系统形式	液力机械			
	Ⅰ挡(后退)(km/h)	0～4.1	0～4.1		
	Ⅱ挡(后退)(km/h)	0～7.4	0～7.4		
	Ⅲ挡(后退)(km/h)	0～12.4	0～12.4		
	Ⅳ挡(后退)(km/h)	0～17.2	0～17.2	0～50.6	0～43.3
	Ⅴ挡(后退)(km/h)	0～30.9	0～30.9		
	Ⅵ挡(后退)(km/h)	0～51.6	0～51.6		
	Ⅰ挡(前进)(km/h)	0～3.5	0～3.5		
	Ⅱ挡(前进)(km/h)	0～6.3	0～6.3		
	Ⅲ挡(前进)(km/h)	0～10.5	0～10.5		
	Ⅳ挡(前进)(km/h)	0～14.5	0～14.5	0～43.5	0～43.3
	Ⅴ挡(前进)(km/h)	0～26.1	0～26.1		
	Ⅵ挡(前进)(km/h)	0～43.6	0～43.6		
	轮胎规格	13.00～24-10PR		16.0-24-12PRG-2	18.0-25-12PRE-2
	轴距(mm)	6000		6450	6960

（二）平地机的构造

自 20 世纪 20 年代起,在近 80 年的发展历程中,平地机经历了低速到高速、小型到大型、机械操纵到液压操纵、机械换挡到动力换挡、机械转向到液压助力转向再到全液压转向以及整体机架到铲接机架的发展过程。整机可靠性、耐久性、安全性和舒适性都有了很大的提高。国产平地机品种及数量较少,目前,国内外生产平地机的主导厂家有:中外建发展股份有限公司(原天津工程机械制造厂,现已更名鼎盛天工工程机械股份有限公司)、哈尔滨四海工程机械公司、常林股份有限公司、卡特彼勒公司

（美）、小松公司、三菱公司（日）和O&K公司（德）等。

平地机主要由发动机、机械及液压传动系统、制动系统、工作装置、行走转向系统、电气系统，以及底盘和液压操纵系统等部分组成。以液压操纵的中型平地机国产PY160A型平地机为例，说明其基本组成和结构特点。PY160A型平地机是后轮驱动，前轮转向，在前后轮之间安装着主车架，在主车架上安装平地机的工作装置和液压操纵机构。

1. 动力及传动系统

PY160A型平地机传动系统为液力机械式，它由液力变矩器、主离合器、变速器、后桥和平衡箱等组成，如图8-1所示。

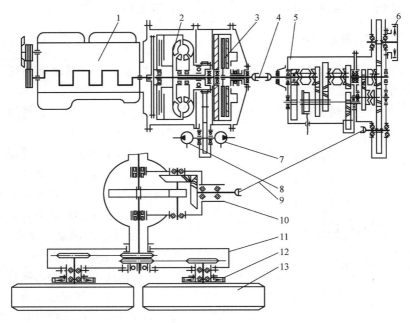

图8-1　PY160A型平地机传动系统

1—发动机；2—液力变矩器；3—主离合器；4、9—传动轴；5—变速器；6—手制动器；

7—第二操纵系统液压泵；8—第一操纵系统液压泵；10—后桥；11—平衡箱；

12—制动器；13—车轮

（1）液力变矩器

液力变矩器为单级、三相的双导轮综合液力变矩器，具有变矩系数大、高效区宽等特点，同时，它含有闭锁离合器，可使泵轮和涡轮连成一体，实现变速器与发动机曲轴之间的刚性连接。

（2）主离合器

PY160A型平地机的主离合器为单片、干式、常闭式离合器，主要由摩擦盘、压盘、弹簧、分离盘、推力轴承等组成，具有结构简单、操作方便等特点，安装在液力变矩器后面。

（3）变速器

变速器为机械换挡变速器，由主变速器和副变速器组成，主变速器内有Ⅰ挡、Ⅱ挡、前进挡和倒挡，副变速器有低速、高速2挡，从而使平地机具有前进6挡、后退2挡的速度。

2. 制动系统

PY160A型平地机的制动系统由空气制动系统和手制动系统组成。

空气制动系统由空气压缩机、制动阀、助力器、制动器等组成，如图8-2所示。

空气压缩机将高压空气压入贮气筒中，通过气制动阀的控制使压缩空气推动助力器的活塞，将主缸的刹车油分别压入4个制动器的制动分泵中、推动蹄片产生制动作用。

手制动系统为双蹄内涨自动增力式，装在副变速器前方制动器轴上，供停车时使用。

3. 液压系统

平地机的液压系统较为

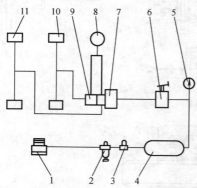

图 8-2　空气制动系统

1—空气压缩机；2—油水分离器；3—安全阀；
4—贮气筒；5—气压表；6—制动阀；7—助
力器；8—贮油罐；9—主缸；10—制动器

146

复杂，可分为两个系统：第一操纵系统和第二操纵系统。第一操纵系统主要包括控制刮土板的全部动作（升降、回转、侧向移出移入、倾斜）；第二操纵系统主要是液力变矩器的冷却、供油、闭锁以及控制升降液压缸摆架的插销。

4. 电气系统

PY160A 型平地机的电气系统如图 8-3 所示。供电电源由两只 12V180Ah 的蓄电池串联组，端电压为 24V。为给蓄电池充电，发动机上装有 JF22A 型发电机，并配有 FT221 型电压调压器，以保证发动机在不同转速时有稳定的电压及负荷不超过发电机额定电流。

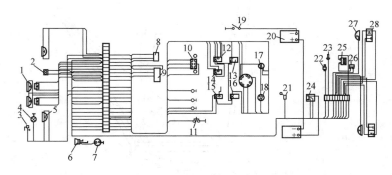

图 8-3　PY160A 型平地机电气系统

1—前大灯及小灯；2—制动灯开关；3—雨刮器；4—顶灯；5—工作灯；6—电喇叭；
7—插座；8—闪光灯；9—熔断器；10—转向灯开关；11—喇叭按钮；12—前大灯
开关；13—工作灯开关；14—仪表灯；15—顶灯、仪表灯开关；16—雨刮器开关；
17—点火开关；18—起动开关；19—电瓶开关；20—蓄电瓶；21—燃油传感器；
22—压力传感器；23—温度传感器；24—起动机；25—发电机；26—调节器；
27—倒车灯；28—尾灯

（三）平地机的工作装置

平地机工作装置包括刮土工作装置和耙松装置。

147

1. 刮土工作装置

平地机刮土工作装置如图 8-4 所示。主要由刮刀 9、回转圈 12、回转驱动装置 4、牵引架 5、角位器 1 及几个液压缸等组成。牵引架的前端与机架铰接，可在任意方向转动和摆动。回转圈支承在牵引架上，在回转驱动装置的驱动下绕牵引架转动，并带动刮刀回转。刮刀背面上的两条滑轨支承在两侧角位器的滑槽上，可以在刮刀侧移油缸 11 的推动下侧向滑动。角位器与回转耳板下端铰接，上端用螺母 2 固定，松开螺母时角位器可以摆，并带动刮刀改变切削角（铲土角）。

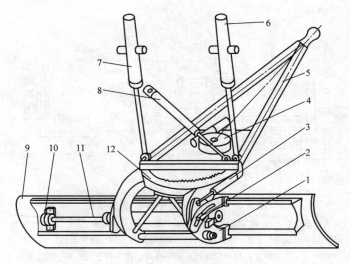

图 8-4　刮土工作装置

1—角位器；2—紧固螺母；3—切削角调节油缸；4—回转驱动装置；5—牵引架；
6、7—右左升降油缸；8—牵引架引出油缸；9—刮刀；10—油缸头铰接支座；
11—刮刀侧移油缸；12—回转圈

刮土工作装置的操纵系统可以控制铲土刮刀如下六种动作：

（1）刮刀左侧提升与下降。

（2）刮刀右侧提升与下降。

（3）刮刀回转。

（4）刮刀随回转圈一起侧移，即牵引架引出。

（5）刮刀相对于回转圈左移或右移。

（6）刮刀切削角的改变。

其中（1）、（2）、（3）、（4）、（5）由液压缸控制，（3）采用液压马达或液压缸控制，而（6）由人工调节或液压缸调节，随后用螺母锁定。

不同的平地机刮刀的运动不尽相同，例如有些小型平地机为了简化结构，没有角位器，切削角是固定不变的。

各种平地机的刮刀结构基本相似，它包括刀身和刀片两部分。刀身为一块钢板制成的长方形的弧形曲面板，其下缘用螺栓装有采用特殊的耐磨、抗冲击、高强度合金钢制成的刀片。刀片为矩形，一般有2～3片，其切削刃是上下旋转对称，刀刃磨钝后可上下换边或左右对换使用。为了提高刮刀抗扭、抗弯刚度和强度，在刀身的背面有加固横条。在某些平地机上，此加固横条就是上下两条供刮刀侧伸用的滑轨。

2. 耙松装置

松土器通常用来疏松坚硬土壤，或破碎路面及裂岩。松土器通常留有较多的松土齿安装孔。疏松较硬土壤时插入的松土齿较少，以正常作业速度下驱动轮不打滑为限；疏松不太硬的土壤时可插入较多的松土齿，此时则相当于耙土器。

松土器的结构形式有双连杆式和单连杆式两种，如图8-5所示，按负荷程度松土器分重型和轻型两种。重型作业用松土器共有7个齿安装装置，一般作业时只选装3个或5个齿。轻型松土器可安装5个松土齿和9个耙土齿，耙土齿的尺寸比松土齿的小。

双连杆式松土器近似于平行四边形机构，其优点是松土齿在不同的切土深度时松土角基本不变（40°～50°），这对松土有利，此外，双连杆同时承载，改善了松土齿架的受力情况。

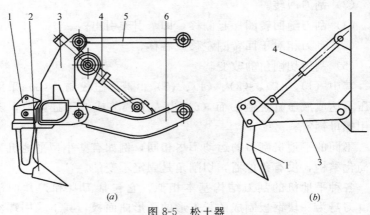

图 8-5　松土器

1、3—松土齿；2—齿套；4—控制油缸；5—上连杆；6—下连杆

单连杆式松土器由于其连杆长度有限，松土齿在不同的切土深度时松土角度变化较大，其优点是结构简单。

3. 推土装置

推土装置是平地机的备用工作装置，临时使用时安装在主车架的前端，不用时将推土板上抬并用销子锁住或拆卸后重新装好耙松装置。

（四）平地机的液压系统

平地机液压系统包括工作装置液压回路、转向液压回路和操纵控制液压回路等。

1. 工作装置液压回路

用来控制平地机各种工作装置（刮刀、耙土器、推土铲等）的运动，包括刮刀的左、右侧提升与下降，刮刀回转，刮刀相对于回转圈侧移或随回转圈一起侧移，刮刀切削角的改变，回转圈转动，耙土器及推土铲的收放等。

PY160A 型平地机的工作装置液压回路分为第一操纵系统和第二操作系统。

（1）第一操纵系统

第一操纵系统由 9 个操纵阀控制 9 个执行元件，即 8 个滑阀组成的多路换向阀和 1 个转阀控制刮土板及前后轮的动作。多路换向阀和转阀相互串联。多路换向阀由其阀体内的溢流阀将压力控制在 12.25MPa，转阀（BYZ-320 液压转向器）由流量阀控制在 6MPa。如图 8-6 所示。

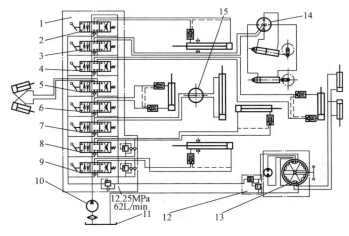

图 8-6　第一操纵系统

1—并联多路阀体；2—刮土板升降左操纵阀；3—刮土板回转操纵阀；4—前轮倾斜
操纵阀；5—后转向架操纵阀；6—刮土板倾斜操纵阀；7—刮土板侧向移动操纵阀；
8—耙子收放操纵阀；9—刮土板升降右操纵阀；10—液压泵（CB-F32C-FL）；
11—油箱；12—流量控制阀；13—BYZ-320 转向器；14—刮土板回转
配油阀；15—回转接头

第一操纵系统中，以刮土板的回转和前轮转向操纵系统较为复杂，现作简单介绍。

1）刮土板回转操纵系统

刮土板的回转是依靠大齿圈带动的，而大齿圈的回转则由与其相啮合的 2 个小齿轮驱动，2 个小齿轮各通过液压缸、曲柄来推动，2 个曲柄的安装相位相差 90°，如图 8-7 所示。

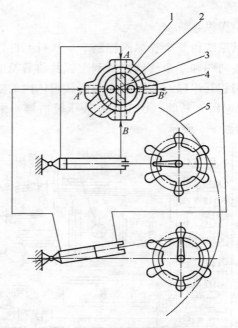

图 8-7 刮土板回转机构配油原理
1—阀套；2—可回转的阀芯；3、4—进出油口；
5—回转齿圈啮合线

当操纵图 8-6 中的操纵阀 3 时，图 8-7 中配油阀的油口 3（或 4）成为进油口，相应的油口 4（或 3）成为出油口。若此时阀芯位于图示位置，阀芯的封油面正好封住上液压缸的进出油腔，而下液压缸正好是大腔进油，推动相应的小齿轮回转。为保证刮土板的连续回转，配油阀的阀芯是回转的，并通过大齿圈带动的随动轮来驱动的，其回转方向与小齿轮同向。

2）前轮转向操纵系统

前轮转向操纵系统由转向器、液压缸和流量控制阀组成，转向器由计量马达和转向阀组成，参见图 8-6。

转向器的转向阀由方向盘带动，当它位于中位时（图示位置），液压泵卸荷，而液压缸和计量液压马达的两腔都处于封闭状态，这时车辆沿直线或以一定转弯半径行驶。

当转阀右转时，将计量液压马达和液压缸接通，高压油进入计量液压马达上腔，它的转子向右方向转动，迫使下腔油进入液压缸，驱动前轮向右转向。与此同时，计量液压马达转动带动转阀外套也向右回转，使得转阀又恢复到原来的中位。继续向右转动方向盘，又重复上述动作……故转阀的转动是随动于方向盘的。

当发动机熄火或油泵出现故障而不能动力转向时，这种转向器仍能进行人力转向，此时计量液压马达起着液压泵的作用。方向盘带动阀芯，通过销子、阀套和连接轴带动计量液压马达转子转动，转子排出的压力油进入转向液压缸而驱动转向轮转动。

（2）第二操纵系统

第二操纵系统的工作原理如图 8-8 所示。液力变矩器 9 的进口压力为 0.4～0.6MPa，出口压力为 0.27MPa，分别由两个溢

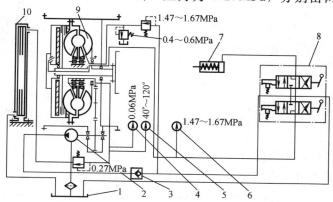

图 8-8　第二操纵系统

1—油箱；2—齿轮液压泵（CB-F18C-FL）；3—单向阀；4—变矩器出口压力表；5—变矩器出口油温表；6—操纵压力表；7—插销缸；8—二联阀；9—液力变矩器；10—散热器

流阀来控制。变矩器出口油温（在冷却前）不应高于120℃，否则应改变工况或停止工作，待油温降低后再继续工作。变矩器刚性闭锁及升降液压缸摆架的插销缸 7 的动作，由二联阀 8 进行操纵，其操纵压力为 1.47～0.67MPa。

平地机转向回路除少数采用液压助力系统外，多数则采用全液压转向系统，即由方向盘直接驱动液压转向器实现动力转向。

（五）平地机的使用

1. 平地机的工作参数

平地机的工作参数有铲土角、刮刀回转角、切削深度、切削宽度、刀具宽度、刀具高度、刮刀曲率等，作业前必须根据实际施工对象和施工条件进行选择和调整。见图 8-9。

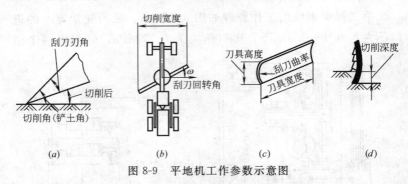

图 8-9　平地机工作参数示意图

（1）铲土角的选择和调整

铲土角也称切削角，是指刮刀切削刃和地面的夹角，如图 8-9（a）所示。铲土角的大小，应按作业类型来确定，一般平地机铲土角都有一定的调整范围，以适应不同的作业要求。中等的切削角（60°左右）适用于常用的平地作业。当切削、剥离土壤时，如剥离草皮、切削路边沟等，需要较小的切削角，以降低切削阻力。当进行摊铺、拌合物料作业时，应选用较大的切削角，以避免大物料对刮刀的推挤力，大粒料较容易从刮刀下滚过去；由于铲土角大，刮刀载料减少，使物料滚动拌合作用加强。

（2）刮刀回转角的选择和调整

刮刀回转角是指刮刀和横向坐标轴的正向夹角 ω，见图 8-9（b）。当回转角 ω 增大时，工作宽度减小，但物料的侧移输送能力提高，刮刀单位切削宽度上的切削力提高。

回转角应视具体情况来确定。对于剥离、摊铺、拌合作业及硬土切削作业，回转角可取 $30°\sim50°$；对于推土摊铺或进行最后一道刮平，以及进行松软或轻质土刮整作业时，回转角可取 $0°\sim30°$。

2. 平地机的基本作业方式

平地机有多种作业能力，因为它的刮土板能在空间完成 6 个自由度的运动，即沿空间坐标轴 x、y、z 的移动和转动。这 6 种动作可以单独进行，也可以同时进行。平地机的主要作业方式有：

（1）平地作业

平地机的平整场地作业有多种方式，如图 8-10 所示。

1）正铲平整作业

将刮刀回转角置于 0 位（刮刀轴线垂直于行驶方向），刮土板垂直于平地机的纵向轴线，此时切削宽度最大，平地机直线前进完成平整作业。但只能以较小的入土深度作业，主要用于铺平作业（图 8-10a）。

2）刮土和移土作业

平地机斜身直行时，将刮土板置于与前进方向保持一定的回转角，在切削和运土过程中，土沿刮刀侧向流动，这种作业方式可根据作业需要，使刮土板作不同程度的回转（图 8-10b）。回转角越大，切土和移土能力越强。刮土侧移时应注意不要让车轮在料堆上行走，应使物料从车轮中间或两侧流过，必要时可采取斜行作业，使物料离开车轮更远一些。刮土侧移常用于物料的拌合

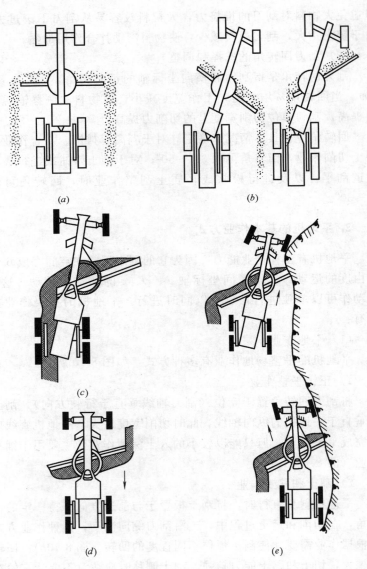

图 8-10　平地作业方式

(a) 直线平整作业；(b) 刮土和移土作业；(c) 斜身直行移土；

(d) 退行平地；(e) 曲折边界平地

作业，当刮刀回转角适当，并采用较大的铲土角时，拌合料从刮刀一端切入，从刮刀另一端流出。物料流动时，既有纵向滚动，又有横向流动，物料在运动中得到拌合。

刮土侧移用于铺平作业时，也应注意采用适当的回转角，始终保持刮刀前有适量的物料，既要行驶阻力小，又要保证铺平质量，一般以切削整形为主要的作业，运行速度可控制在 4～6km/h，物料拌合、铺平作业刚采用 6～10km/h 为宜。当地面容易陷车时，应适当提高作业速度。

3）斜身直行移土

利用铰接式车架或全轮转向的特点，平地机可进行斜行作业，如图 8-10（c）所示。牵引架侧摆，引出刮土板，可对机器侧边较远地方加以平整。采用斜行作业，可使车轮有效地避开料堆；还可以让后轮有选择地选择路面行驶，前轮在坡道或土丘上，机身和后轮在平坦的地面上保持行走的稳定。这种斜行方式还便于操作和铲刀的调节。

4）退行平地

刮土板回转 180°，平地机可在不需调头的状态下实现往返作业（也称穿梭作业法）。尤其在场地受限的地方。更显得这种作业方式的高效和优越（图 8-10d）。所以平地机的前进和倒退挡位相同，用于慢进、慢退同时作业或慢进作业，快速退回。刮刀回转时应注意操作顺序，防止刮刀碰轮胎、松土器等。

5）曲折边界平地

如果被平整的平面的边界是不规则的曲线状，平地机作业时，司机可以操纵刮刀，通过同时操作转向和将刮土板的引入或伸出，使其横向移动（即侧移），这样可以让平地机在前进或后退中，使刮刀有效地避开障碍，机动灵活的沿曲折的边界进行作业，如图 8-10（e）所示。

（2）挖沟及刮坡作业

平地机的挖沟及刮坡作业如图 8-11 所示。

1）挖沟作业。刮土板侧倾一定角度，利用一角进行开沟

（图 8-11a）。

2）清理沟底。刮土板竖立起来，利用一端进行沟底的清理（图 8-11b）。

3）刮边坡。修筑路堤边坡时，刮土板侧向伸出并倾斜一定角度，进行边坡平整作业（图 8-11c）。

图 8-11　挖沟和刮坡作业
(a) 挖沟作业；(b) 清理沟底；(c) 刮边坡

（3）前轮倾斜的运用

平地机作业时，由于刮刀有一定的回转角，或由于刮刀伸出机外刮边坡，使平地机受到一个侧向力的作用，迫使前轮发生侧移，偏离行驶方向，导致轮胎磨损加剧，并对前轮的转向销轴产生很大的力矩作用，使转动前轮的阻力增大，因此通过前轮倾斜的运用，能有效地抵消这种阻力。具体方法是当刮刀以大回转角作业时，物料流向左侧，前轮应向左侧倾斜。当刮坡作业时，前轮的倾斜方向取决于土壤的性质。

1）当土壤为软黏土时，刮刀受到一个切进力的作用，此时

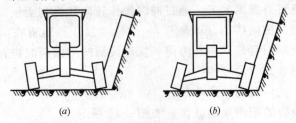

图 8-12　刮坡时前轮的倾斜示意

操纵前轮向离开坡道的方向倾斜，如图 8-12（a）所示，这样可以防止刮刀啃入土内。

2）当土壤为硬质土时，操纵前轮向坡道一侧倾斜，如图 8-12（b）所示。

3. 平地机基本作业方法

（1）整修道路和场地

整修作业时，刮刀应保持一定的回转角，使切深适宜，同时在刀前保持适量的土流向刮刀尾部，形成很小的条状土堆，待道路刮平后再将土堆均匀地摊铺开。当道路崎岖不平时会使刮平效果很差，则应尽量让后轮在较平的地方行走，即采用斜行作业法，当路面不平较大时，刮刀切深应和路面沟坑相同来进行切削，采用小切削角、大回转角，同时倾斜前轮进行整修作业。如机械牵引力不够，可采取分层切削，将切下的土置于车轮外侧或两轮中间，并使之成条堤状，注意不可让车轮压在料堆上。在施工现场路面泥泞、易打滑的情况下，如泥泞层不厚时，可采取大回转角、小切探和高速度进行切削。

对于较大面积的场地，如停车场，可采用纵向和横向相结合的作业方式，先纵向粗刮平，再横向刮平，反复进行。

（2）开挖沟渠

利用平地机刮刀侧倾可以进行沟渠的开挖。将刮刀一边切入土内，边刃位于一侧的轮迹上，刮刀尾部提升高度则按照沟墙的角度要求调整。当进入第二遍切削时，一侧的车轮在沟内行使，轮子可作为导向。当沟很深时，应避免后轮进入沟渠。

当切削梯形沟时，首先切出 V 形沟，然后平行地进行内墙切削，直至达到要求的宽度。若有可能，可用整个刮刀将沟底刮平。切削较宽的梯形沟时，也可采用全刮刀切削，将刮刀回转到切削宽度等于沟底宽度，然后将土切移到内墙的上方。

（3）修刮边坡

刮削坡度较缓的边坡时，可将前轮沿行驶方向放在斜坡上，后轮在地面上行驶，可采用由上向下的顺序，先刮削边坡上部边缘，逐步向下移，同时前轮倾斜防止下滑。刮削坡度较陡的边坡时，应先将坡脚路面洁埋干净，以避免刮坡时地面不平使刮刀摆动。按照坡度要求调整刮刀切削角，应尽量使后轮不要靠近坡脚，留出位置让土留在轮子的外侧。

平地机在作下一次刮坡之前，首先去除前一次刮坡堆在坡脚下的土，可采用刮土侧移的方法将土移到远离坡脚的地方。也可以采用较大的回转角将刮下的土向上移动，并将土堆在坡的上方。

（4）修整路形

修整路形时，应按路基上的标高进行施工作业。平地机由边向路中间逐次刮削，若土壤多余时，可将余土向路的两侧铺刮，直到刮出所需的路拱。

（5）开挖路槽

在修好的路基上铺筑路面之前，要先挖好路槽。槽内铲出的土移送到路肩上并加以平整。最后按照要求的坡度平整好槽底。开挖路槽的作业程序如图 8-13 所示。

（6）拌路面材料和铺平作业

平地机可以在路面上进行路面材料的摊铺、拌合、铺平作业。

1）路面拌料和铺平

自卸汽车将材料以条堤状卸在路的一侧，平地机平行于料堆行驶，刮刀侧伸出，逐层来回刮切料堆，使物料沿刮刀侧向移动，移动中物料得到拌合。刮切时，平地机可从路两侧向中央逐步移动，再由中央向两侧移动，交替进行。

铺拌松散的砂石料时，刮刀应刮较少的料，同时以较高速度行驶，以免机械停陷，损坏已刮平的路面。

铺拌较粗的物料时，物料最大粒度应小于要摊铺的路面厚度，否则会出现石子卡刮刀现象，并出现路面"撕裂"和"孔洞"现象。

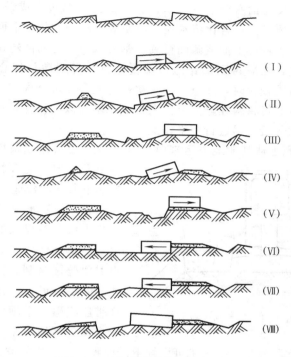

图 8-13　开挖路槽的作业程序示意

铺料、拌合时，应采用较大的铲刀角，以避免大粒料时对刮刀的推挤力作用，同时也易于使大粒料从刮刀下滚过去。

当铺拌物料含沥青时，堆料不宜太长、太多，以免拌合料还没来得及铺拌便已凝固。

铺平时为防止物料从刮刀一侧流出，可在刮刀一侧加装挡料板。铺平时，应注意保证沿整个刮刀长度上都有物料，以防出现遗漏和孔洞。

2）稳定土的路面拌合

原土和石灰以及水泥等拌合而成的稳定土，可利用平地机直接在路面进行拌合作业，根据原土来源的不同，有两种方式：

① 利用原路面的表层土时，首先用平地机刮刀剥离路面的

表层土，使路面有合适的路拱，剥离的土沿路边堆成条堤备用。然后按照要求的混合比将水泥、石灰等材料加在料堆上面，让平地机沿着料堆在上面或侧面行驶，刮刀保持一定的回转角将料向中间刮送，然后再刮回路边，反复进行，直到满足拌合要求为止。当料堆较大时，注意不要一次刮料太多，可分次刮送。当路面较宽时，可将料在路面上横向排成几堆，以加快拌合速度。物料拌合均匀后，再进行刮平作业。

②原土从其他地方运来时，首先将土沿路倒成条堆，然后在土堆上加入混合料，再进行如上所述的作业。

（7）修刮水坝

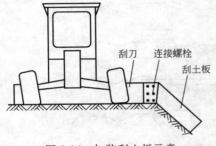

图 8-14　加装刮土板示意

水坝需要很大的压实强度，必须分层压实。平地机也需要分层修刮。为了提高作业效率，可在平地机后面拖带压实碾。水坝的修坡作业也可由平地机来完成。当坝的高度不高时，平地机可由坝下沿坡脚行走完成修坡；如坝较高时，可在坝加高的施工过程中，在完成每层的刮平压实作业过程后，随时修坡，不断加高，交替进行，并在刮刀的一侧加装刮土板，用螺栓连接，刮完后立即压实，如图 8-14 所示。

（8）路缘石沟铲刀

在刮刀的一侧安装铲刀（图 8-15），用于切削安放路缘石的

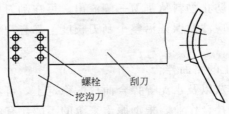

图 8-15　加装路缘石沟铲刀示意

矩形沟或小排水沟等，根据刮刀的回转角，决定挖出的土堆放在沟的左侧或右侧。

（9）刮刀加装挡板

在刮刀的一侧或两侧安装挡板，用以防止物料从侧面流出，以保证刮刀前面有足够的物料。对于最后一道铺平作业，尤其对沥青材料的铺平，更为有效。

（10）松土器作业

松土器用于硬地面的耙松。作业时，应低速行驶，切土不可太深，可分次耙松，并应选择合适的齿数以保证土块从齿间流过而不堆阻在齿的前面，如遇地面较硬、负荷较大时应减少齿数，但齿数不能太少以免造成个别齿的损坏。当松土器遇到大石块时，可将松土器适当提起，平地机继续保持前进，使大石块松动后拔出地面。

（11）推雪作业

平地机刮刀还可用于堆雪作业。由于刮刀具有较高的刮平精度，可以去除薄的压实的雪和冰层。但作业时雪容易粘在刮刀上，所以要用较大的回转角（45°左右）和较高的行驶速度（25km/h），迅速地将雪推抛出去。

4. 平地机的生产率计算

平地机的生产率由于其作业方式不同而有多种计算方法，主要为切削和平整两种。有关平地机提高生产率的措施，可参照推土机的有关内容。

（1）以切削为主的生产率计算

完成土方量所需时间 t(h)，其计算公式为：

$$t = \frac{Ln}{vE} \times 10^{-3}$$

式中　L——作业距离，m；

　　　n——行程次数；

v——行驶速度，km/h；

E——校正系数，根据工作难易或熟练程度而异，一般取平均值为 0.83；

每小时完成的土方量 $Q(m^3/h)$，其计算公式为：

$$Q = vAE \times 10^3$$

式中 A——切削断面面积，m^2。

(2) 以平整场地为主的生产率计算

平整某一场地所需时间 $t(h)$，其计算公式为：

$$t = \frac{Ln}{vE} \times 10^{-3}$$

平整场地生产率，每小时平整面积 Q_1 （m^2/h），其计算公式为：

$$Q_1 = \frac{L(l\sin\alpha - 0.5)\ K_B}{n\left(\dfrac{L}{v} + t_1\right)}$$

式中 l——刮刀长度，m；

L——平整场地长度，m；

α——刮刀水平回转角；

n——行程次数；

v——作业行驶速度，km/h；

t_1——调头一次所需时间，h；

K_B——时间利用系数。

5. 平地机的操作、使用要点

(1) 驾驶中的注意事项

1) 行驶前，应将刮刀和松土器升到最高位置，并将刮刀斜放，刮刀两端不得超过后轮外侧。确保转向时前轮不碰刮刀。

2) 平地机在公路上行驶时，应严格遵守《道路交通安全法》，严禁交通违法行为发生，中速行驶。

3）起步必须用低挡，然后逐挡加速，减速必须逐挡减速，不允许高挡直接降到低挡。当前进和后退转换时，必须在中间空挡稍停，以免发生冲击。

4）行驶在平坦的道路上可用高速挡，行驶在条件较差的道路或坡道时宜用低速挡。作业时，均采用低速挡。平地机机身长，轴距大，转弯半径较大，调头和转弯时，应用最低速度。

5）行驶时，一般使用前轮转向，在场地特别狭窄的地方，可同时采用后轮转向，但小于平地机最小转弯半径的地段，不得勉强转弯。

6）行驶时，应注意观察变矩器油温应在 80～110℃ 之间，温度超过 120℃ 时，应立即减小油门，变换挡位，低速行驶，待温度下降后再恢复原行驶速度。

7）转向时，不可使用锁止差速器，可使前轮倾斜；以减少平地机转弯半径，但在高速行驶时不可使用，以防出现急剧的反作用力。

8）制动时，应先踏下离合器踏板。在变矩器处于刚性封锁状态时，不能用制动器。

9）下坡时必须挂挡，禁止空挡滑行。

（2）作业中的注意事项

1）平地机铲刀或耙齿都要先下降到接近地面，机械起步后再逐步切入土中。铲土作业时，应根据铲土阻力大小，随时少量缓慢调整刮刀的切土深度，应避免每次扳动操纵杆时间过长，控制刮刀的升降量差不宜过大，否则会导致作业面出现波浪形面而影响下一道工序的进行。

2）刮刀的回转与铲土角的调整以及向机外倾斜都必须在停机时进行。但刮刀左右端的升降动作，可在机械行驶中随时调整。

3）铲土或耙松作业都必须低速行驶，角铲土和使用松土齿耙时，必须用一挡，刮土移土和整平作业可根据具体情况适当提高平地机的行驶速度，如可用二、三挡。换挡必须在停机时进行。

4）遇到坚硬地质时可用松土器翻松。对于特硬土层可减少松土器的齿数，并应在平地机低速行驶状态下，将松土齿缓慢降下，插入土层，不可让齿在大石块或路面等硬层上滑动。不宜使用齿耙翻松坚硬旧路面。

5）调整松土器齿深时，可将松土器降至离地面 10cm 处，取下每个齿的楔块，把齿移到要求的深度，再装上楔块，使齿上的槽口和松土器齿梁骨啮合。

6）在弯道上施工时，平地机可进行全轮转向；高速行驶时，应避免后轮转向，以防发生事故。

7）在坡道上横向施工时，前轮侧倾机构应向上坡方向倾斜，以减少侧滑并同时改善前轮轴的受力情况，也有利于平地机调头。

8）转移工地或进、出场的平地机，行驶时铲刀和松土耙都必须升至最高位置，铲刀的铲土角应调至最小，不准将刀端侧伸到车轮以外。

9）使用平地机清除积雪时，应在轮胎上安装防滑链，并应逐段探明路面的深坑、沟槽等情况。

10）平地机的松土耙不准用来翻松碎石渣路面，也不准用平地机作为动力拖动装置拖曳各种机械。

11）在坡道停放时，应使车头向下坡方向，并将刀片或松土器压入土中。

12）夜间不宜作业。

九、铲土运输机械维护与故障处理

（一）机械日常保养与维护

维护和保养具有相同的意义和目的。施工机械长期执行"养修并重、预防为主"的定期保养制，由于这种定期修理制度带有一定的盲目性，会造成机械过早保修或超项保修，或者造成机械延迟保修或保修不足，甚至产生突发性损坏。计划预期检修制所表现出来的弊端和现代诊断技术的发展，促进了我国机械设备维修制度正在逐步改革为"定期检查、按需修理"的定检定项修理制。

1. 定检维护制的内容

定检维护的作业内容，是在定期保养的十字方针（清洁、紧固、调整、润滑、防腐）的基础上，增加了检查作业（人工检视和仪器设备的检测诊断），根据检查结果来确定维护、检修的作业范围。因此，"检查"是定检维护制的核心。

2. 定检维护制的分级

定检维护制是根据机械运转台时分为日常维护、一级维护、二级维护三个等级。对于难以计算运转台时的机械，也可以按照日常、月度、年度来划分维护等级。各级维护的主要内容如下：

（1）日常维护（每班维护）。它的内容和定期保养制的每班保养作业内容相似，由操作人员在作业前、作业中、作业后进行，是以清洁、补给和安全检查为中心内容。日常维护是保持机械技术状况的日常性工作，是机械维护的基础。

（2）一级维护（月度维护）。它的内容和定期保养制的一级保养作业内容相似，以清洁、润滑、紧固为作业中心。由操作人员承担，维修人员协助。

（3）二级维护（年度维护）。它是由基本作业和附加作业两部分组成。基本作业内容和定期保养制的二级（包括部分三级）保养作业内容相似，附加作业包括一些难度较大的维护和修理作业，类似定期保养制的三级保养作业内容，通过二级维护前的检测诊断和技术评定后，对需要检修的项目作为二级维护的附加作业，以达到按需修理的目的。

3. 定检维护制的实施要求

定检维护制是定期保养制的进步，因而具有较高的实施要求，主要是：

（1）定检维护制采用检测诊断、技术评定来确定二级维护中的附加作业，因此，检测诊断和技术评定的水平，是决定定检维护制实施质量的关键，必须创造条件，保证检测诊断和评定达到规定要求，实现预防维修的目标。

（2）定检维修制的计划编制、工艺组织、质量管理等工作，都可以参照定期保养制的做法但应有更高的要求。如建立完整的单机技术档案，做好二级维护前的检测诊断，加强维护作业（主要是二级维护）的过程检验和竣工检验，如实填写各项技术记录等。

（3）实施定检维护制，必须有一整套分机型维护制的维护工艺规程，包括各级维护作业项目和技术要求，以及相应的检验内容和要求等。

4. 推土机的维护

推土机各级维护作业项目和技术要求等，以 TY320B 型推土机为例加以说明，见表 9-1、表 9-2、表 9-3、表 9-4。其他机型也可参照执行。

履带式推土机日常维护作业项目和技术要求　　表 9-1

部位	序号	维护部件	作业项目	技术要求
发动机	1	曲轴箱油平面	检查添加	停机处于水平状态,油面处于油尺"H"处,不足时添加
	2	水箱冷却水	检查添加	不足时添加
	3	风扇皮带	检查、调整	用 100N 力压在皮带中间下凹约 10mm
	4	工作状态	检查	无异响、无异常气味、烟色浅灰
	5	仪表及开关	检查	仪表指示正常,开关良好有效
	6	管路及密封	检查	水管、油管畅通,无漏油、漏水现象
	7	紧固件	检查	螺栓、螺帽、垫片等无松动、缺损
	8	燃油箱	检查	通气孔无堵塞,排放积水及沉淀物
主体	9	液压油箱	检查	油量充足,无泄漏
	10	操纵机构	检查	各操纵杆及制动踏板无卡滞,作用可靠,行程符合标准要求
	11	变矩器、变速器	检查	作用可靠,无异常
	12	转向离合器、制动器	检查	作用可靠,无异常
	13	液压元件	检查	动作正确,作用良好,无卡滞,无泄漏
	14	各机构及结构件	检查	无变形、损坏、过热、异响等不正常现象
	15	紧固件	检查	无松动、缺损
行走机构	16	履带	检查、调整	在平整路面上,导向轮和托带轮之间履带最大下垂度 10~20mm
	17	导向轮、支重轮轮边减速器	检查	无泄漏现象,作用有效
	18	张紧装置	检查	无泄漏现象,作用有效
	19	紧固件	检查、紧固	无松动、缺损
整机	20	安全保护装置	检查	正常有效
	21	整机	清洁	清除整机外部粘附的泥土及杂物,清除驾驶室内部杂物

履带式推土机一级（月度）维护作业项目和技术要求　表9-2

部位	序号	维护部件	作业项目	技术要求
发动机	1	曲轴箱机油	快速分析	机油快速分析，油质劣化超标，更换，不足添加
	2	机油过滤器	清洗	清洗滤清器，更换滤芯
	3	燃油过滤器	清洗	清洗滤清器，检查滤芯，损坏更换
	4	空气过滤器	清洗	清洗滤清器，检查滤芯，损坏更换
	5	风扇、水泵传动带	检查、调整	调整传动带紧度，损坏换新
	6	散热器	检查	无堵塞，无破损，无水垢
	7	油箱	清洁	无油泥，无渗漏，每500h清洗一次
	8	仪表	检查	各仪表指针应在绿色范围内
	9	蓄电池	检查	电解液液面高出极板 10～12mm，相对密度高于 1.24，各格相对密度差不大于 0.025
	10	电气线路	检查	接头无松动，无绝缘破损情况
	11	照明、音响	检查	符合使用要求
主体	12	液压油及过滤器	检查清洁	检查液压油量，不足添加；清洗滤清器
	13	变矩器、变速器	检查	工作正常，无异响及过热现象，添加润滑油
	14	终传动齿轮箱	检查	检查油量，不足添加，排除漏油现象
	15	转向离合器及制动器	检查	工作正常，制动摩擦片厚度不小于 5mm
	16	履带及履带架	检查紧固	紧固履带螺栓，履带架及防护板应无变形、焊缝开裂等现象
	17	导向轮、驱动轮支重轮、托带轮	检查	磨损正常，无横向偏摆，无漏油
	18	工作装置	检查，紧固	液压操纵系统工作正常，无泄漏及噪声，铲刀及顶推架无损裂，磨损严重时应焊补

部位	序号	维护部件	作业项目	技 术 要 求
整机	19	各部螺栓及管接头	检查、紧固	无松动、缺损，按规定力矩紧固
	20	整机性能	检查	在额定载荷下，作业正常，无不良情况

履带式推土机二级（年度）维护作业项目和技术要求　表 9-3

部位	序号	维护部件	作业项目	技 术 要 求
发动机	1	润滑系统	检测机油压力	油温 50±5℃ 以上时，低速空转调整压力为 0.2MPa 以上，高速空转调整压力为 0.45MPa 以上
	2	风扇传动带张力	检测	用手指约 60N 力量按压时的挠曲量约为 10mm
	3	冷却系统	检测	节温器功能正常，77℃阀门开启
	4	起动系统	检测	水温为 75℃时发动机在 20s 内起动，2 次起动间隔时间为 2min
	5	供油系统	检测	PT 泵燃油压力值 0.68～0.73MPa，真空压力 23.94kPa，喷油器喷油压力 1.51MPa
	6	工作状态	测定转速及功率值	怠速转速 650r/min，发动机应稳定运转，高速转速 2150r/min，标定功率 235kW，发动机大负荷工况下无异常振动，排烟为浅灰色，允许深灰色
	7	曲轴连杆机构	检测	油温 50±10℃，转速 230～260r/min，3～5s 气缸压缩压力应为 28MPa；油温 60℃，在额定转速时，曲轴箱窜气量为 40.47kPa
	8	配气结构	检测、调整	冷车状态进气门间隙 0.36mm，排气门间隙 0.69mm
	9	曲轴箱润滑油	化验机油性能指标	油质劣化超标时更换
	10	蓄电池	测定容量及相对密度	高频放电计检查，单格容量 1.75V 以上，稳定 5s，电解液相对密度符合季节要求

部位	序号	维护部件	作业项目	技 术 要 求
发动机	11	液力变矩器	检测	转数应在1540+50r/min以内
	12	液压油泵	测定压力流量及噪声	工作泵压力20MPa,变速泵压力2.0MPa;工作泵流量1725r/min时为172.5L/min,变速泵流量2030r/min时为93L/min,泵噪声小于75dB
	13	液压油	化验性能指标	油质劣化超标时更换
	14	各液压元件	检测	在额定工作压力下,无渗漏、噪声、过热等现象
	15	主离合器、制动器及联轴器	检查、紧固	主离合器摩擦片、制动器摩擦片磨损严重时更换,联轴节、十字轴轴承不松动,螺栓紧固
	16	变速器	检查	变速齿轮磨损不超过0.1～0.2mm,无异响,变速轻便,定位可靠
	17	后轿	检测	作业时无异响,锥齿轮的啮合间隙为0.25～0.35mm,不得大于0.75mm;接触印痕大于全齿长的50%,印痕的中点和齿轮小端距离为15～25mm,印痕的高度为50%的有效齿高,并位于有效齿高的中部
	18	转向离合器及制动器	检查	工作正常,摩擦片厚度不小于5mm,磨损严重时更换
	19	终传动装置	测量齿轮节圆厚度	齿轮磨损厚度不超过0.2～0.25mm,排除漏油现象
	20	导向轮、驱动轮支重轮、托带轮	测量	表面尺寸磨损后减少量不超过10～12mm,排除漏油现象
	21	履带	检测	履带销套磨损超限时,可进行翻转修复,履带节高度磨损超限时,可进行焊补修复
	22	各类轴及轴承	检测	各类轴的磨损量不大于2～3mm(直径大取上限),各类轴承间隙符合要求

部位	序号	维护部件	作业项目	技 术 要 求
发动机	23	工作装置	检修	铲刀及顶锥架如磨损或开裂,应焊补,刀片使用一段时间后可翻转180°继续使用
	24	机架及外部构件	检修	铆焊在机架上的零部件应牢固,各构件无松动、破裂及短缺
	25	各紧固件	检查、紧固	按规定力矩紧固,并补齐缺损件
	26	整机覆盖面	除锈、补漆	对锈蚀、起泡、油漆脱落部分除锈及补漆
	27	整机性能	试运转	达到规定的性能参数(回转速度7.88r/min,行走速度工作档1.6km/h,快速档3.2km/h,爬坡能力45%最大牵引力12t)

履带式推土机润滑部位及周期　　　　　表 9-4

润滑部位		润滑剂	润滑周期(h)		备注
			检查加油	换油	
发动机	发动机油底壳	稠化机油或柴油机油	10	500	新车第一次换油为250h
	张紧带轮架、风扇带轮、张紧带轮	锂基润滑脂·	250		
传动系统	主离合器壳、后轿箱(包括变速器)、最终传动	稠化机油或柴油机油	10 10 250	500 1000 1000	新车第一次换油为250h
	主离合器操纵杆轴 联轴节 油门操纵杆轴 制动踏板杠杆轴 减速踏板轴	锂基润滑脂	2000 1000 2000 2000 2000		
行走机构	引导轮调整杆 斜支撑 平衡梁轴	锂基润滑脂	1000 1000 2000		

润滑部位		润滑剂	润滑周期(h)		备注
			检查加油	换油	
推土装置	工作油箱	稠化机油	50	1000	新车第一次换油为250h
	铲刀操纵杆轴 角铲支撑 直倾铲液压缸支架 液压缸中心架 倾斜球接头座 倾斜液压缸球接头 倾斜球接头支撑 液压缸球接头	锂基润滑脂	250		

对于有运转记录的机械，也可将运转台时作为维护周期的依据，推土机的一级维护周期为200h，二级维护周期为1800h，可根据机械年限，作业条件等情况适当增减。对于老型机械，仍可执行三级维护制，即增加600h（季度）的二级维护，1800h（年度）的二级维护改为三级维护，作业项目可相应调整。

5. 装载机的维护

装载机（以ZL50型轮胎式装载机为例）各级维护作业项目和技术要求见表9-5、表9-6、表9-7，润滑油部位及周期见表9-8，其他机型也可参照执行。

轮胎式装载机日常维护作业项目及技术要求 表9-5

部位	序号	维护部件	作业项目	技 术 要 求
发动机	1	曲轴箱机油量	检查、添加	停机面处于水平状态,冷车,油面达到标尺刻线标记,不足时添加
	2	散热器水位	检查、添加	停机状态,水位至加水口,不足时添加
	3	风扇传动带	检查、调整	传动带中段加50N压力,能按下10～20mm
	4	运转状态	检查	无异味、无异响,烟色浅灰

部位	序号	维护部件	作业项目	技 术 要 求
发动机	5	仪表	检查	表针能动,均在正常范围内
	6	油管、水管、气管及各部附件	检查	管路畅通、密封良好
	7	紧固件	检查,紧固	无松动、缺损
	8	燃油箱	检查	放出积水及沉淀物
主体	9	液压油箱	检查	油量充足,无泄漏
	10	液压元件及管路	检查	动作准确,作用良好,无卡滞,无泄漏
	11	操纵机构	检查	离合器杆、制动踏板、锁杆无卡滞
	12	离合器	检查	作用可靠
	13	制动器	检查	作用可靠
	14	锁定装置	检查	作用可靠,无异常
	15	齿轮油量	检查、添加	变速器 45L,转向机和驱动桥 36L
	16	各机构及结构件	检查	无松动、缺损
车轮	17	轮辋螺栓	检查、紧固	无松动
	18	传动轴螺栓及各销轴	检查、紧固	固定可靠,无松动
	19	轮胎	检查、紧固	气压正常,螺母固定可靠,清除胎面花纹中夹物
工作装置	20	液压油缸	检查	作用可靠,动作顺畅无异常,无泄漏
	21	连接件	检查、紧固	连接牢固,焊缝无裂纹
	22	铲斗及斗齿	检查	无松动、无损伤
其他	23	整机	清洁	清除外表油垢、积尘、驾驶室无杂物
	24	工作状态	试运转	运转正常

轮胎式装载机一级（月度）维护作业项目及技术要求　表 9-6

部位	序号	维护部件	作业项目	技　术　要　求
发动机	1	V 带张紧度	检查	伸长量过大，超过张紧度要求时换新
	2	机油泵吸油粗滤网	清洗	拆下滤网清洗后吹净
	3	空气过滤器	清洁	清洁滤网，油浴式的更换机油
	4	通气管内滤芯	清洗	取出清洗后吹净，浸上机油后装上
	5	燃油过滤器	清洗	清洗壳体和滤芯，排除水分和沉积物
	6	机油过滤器	清洗	清洗粗滤器及滤芯
	7	涡轮增压器的机油过滤器	清洗	将滤芯放在柴油中清洗后吹干
	8	散热器	清洗	用清洗剂通入散热器中，清除积垢及沉淀物
电器	9	起动机发电机	检查	导线接触良好，消除外部污物
	10	蓄电池	检查，清洁	电解液相对密度不低于 1.24，添加蒸馏水，清洁极桩
传动转向系统	11	变矩器、变速器	检查	工作正常，无异响及过热现象，如油液变质应更换
	12	前后桥	检查	工作正常，连接件紧固情况良好，润滑油量和质量符合要求
	13	传动轴	检查	工作正常，连接情况良好，运转中无异响
	14	转向机构	检查	转向轻便，转向液压缸工作正常，无渗漏，油压应为 14MPa，不足时调整，补充新油至规定油面
制动系统	15	空气压缩机	检查	工作正常，如油水分离器中聚积机油过多，应查明窜油原因，及时修复
	16	盘式制动器	检查	工作正常，制动摩擦片磨损超限应更换，拆洗加力罐，对分泵进行放气，制动液存量符合要求

部位	序号	维护部件	作业项目	技术要求
制动系统	17	手制动器	检查、调整	调整制动间隙为 0.5mm,制动接触面达到 85% 以上
	18	轮胎	检查充气	充气压力,前轮为 360kPa,后轮为 300kPa
液压系统	19	液压油箱	检查	液压油劣化超标,应更换
	20	管路及接头	检查	如有松动应紧固,软管损坏应更换
	21	液压泵、油缸	检查	工作正常,无内泄外漏现象,最大工作压力应达到 14MPa
	22	动臂	检查	将动臂提升到极限位置,保持 15min,下降量不大于 10mm
其他	23	各紧固件	检查、紧固	无松动、缺损、按规定力矩紧固主要螺栓
	24	整机工况	试运转	运转正常,无不良现象

轮胎式装载机二级(年度)维护作业项目及技术要求　表 9-7

部位	序号	维护部件	作业项目	技术要求
发动机	1	润滑系统	检测、清洗	拆检机油泵,机油压力应在 2~4MPa 范围内
	2	冷却系统	检测、清洗	清洗散热器,去除积垢,检测节温器应启闭有效
	3	涡轮增压器	检查、调整	清除叶轮油泥,调整转子间隙,叶轮旋转灵活
	4	配气机构	检查、调整	调整气门间隙,检查气门密封性能,必要时研磨
	5	喷油泵及喷油器	校验	在试验台上进行测试并校验,要求雾化良好,断油迅速,无滴油,喷油压力为 20MPa
	6	活塞连杆组件	检查、更换	检查活塞环、气缸套、连杆小头衬套及轴瓦的磨损情况,必要时更换
	7	曲轴组件	检查、更换	检查推力轴承、推力板的磨损情况,主轴承内外圈是否有周向游动现象,必要时更换

部位	序号	维护部件	作业项目	技 术 要 求
发动机	8	发电机、起动机	检查、清洁	清洗各机件、轴承,检查整流子及传动齿轮磨损情况,必要时修复或更换
	9	各主要部位垫片	检查、更换	对已损坏或失去密封作用的应更换
	10	各主要部位螺栓	检查、紧固	按规定扭矩,紧固各主要部位的螺栓
传动转向系统	11	变矩器、变速器	解体检查	各零部件磨损超限或损坏时应予更换
	12	前后桥、差速器及减速器	解体检查	主螺旋锥齿轮啮合间隙为 0.2～0.35mm,半轴齿轮和圆锥齿轮啮合间隙为 0.1mm,轴向间隙 0.03～0.05mm
	13	传动轴	解体检查	传动轴花键和滑动花键的侧隙不大于 0.30mm,十字轴轴颈和滚针轴承的间隙不大于 0.13mm,超限时应更换
	14	转向机	检查	转向轻便灵活,转向角左右各为 35°,当方向盘转到极限位置时,油压应为 12MPa,清洁并更换磨损零件
制动系统	15	空气压缩机	解体检查	活塞、活塞环、气阀等磨损超限时更换
	16	制动器	解体检查	更换磨损零件及制动摩擦片
	17	制动助力器	解体检查	更换磨损零件及制动液
	18	手制动器	解体检查	清洗并更换磨损零件,摩擦片铆钉头距表面 0.5mm 时更换
液压系统	19	液压泵、缸等液压元件	检测	在额定压力下,液压泵、液压缸、液压阀等应无渗漏、噪声,工作平稳,动臂液压缸在铲斗满载时,分配阀置于封闭位置,其沉降量应小于 40mm/h

部位	序号	维护部件	作业项目	技 术 要 求
液压系统	20	工作压力	测试	变矩器进口油压为 0.56MPa,出口油压为 0.45MPa。变速工作压力为 1.1～1.5MPa,转向工作压力为 12MPa
整机	21	工作装置、车架	检查,紧固	各部位焊缝无开裂。销轴、销套磨损严重时应更换,紧固各连接件
	22	驾驶室	检查	无变形,门窗开闭灵活,密封良好
	23	整机外表	检查	必要时进行补漆或整机喷漆
	24	整机性能	试运转	运转正常,作业符合要求

轮胎式装载机润滑部位及周期　　　　表 9-8

序号	润滑部位	润滑点数	润滑周期 (h)	油品种类	备注
1	工作装置	14	8	钙基润滑脂	添加
2	前传动轴	3	60	冬 ZG-2	
3	后传动轴	3	60	夏 ZG-4	
4	转向液压缸销轴	4	60		
5	转向随动杆	2	60	钙基润滑脂	添加
6	动臂液压缸销轴	2	60	冬 ZG-2	
7	转斗液压缸后销轴	2	60	夏 ZG-4	
8	车架铰接销	2	60		
9	副车架销	2	60		
10	发动机曲轴箱	1	600	CC 级柴油机油	更换
11	变矩器、变速器	1	1800	8 号液力传动轴油	更换
12	前、后驱动桥	2	1800	车辆齿轮油	更换
13	方向机	1	1800	冬 HL-20	
14	轮边减速器	2	1800	夏 HL-30	
15	制动助力器	2	1800	201 合成制动液	更换
16	液压油油箱	1	1800	N68HM 液压油	更换

6. 铲运机的维护

铲运机各级维护作业项目和技术要求等,以 CL-7 型自行式铲运机为例，见表 9-9、表 9-10、表 9-11，润滑油部位及周期见表 9-12，其他机型也可参照执行。

自行式铲运机日常维护作业项目和技术要求　　　表 9-9

部位	序号	维护部件	作业项目	技 术 要 求
发动机	1	燃油箱油位	检查、添加	检查燃油箱存油量，不足时添加
	2	曲油箱油位	检查、添加	在机械水平状态下，机油油位应在标尺上下刻度之间，不足时添加
	3	冷却液液位	检查、添加	液面不低于水箱上室的一半，不足时添加
	4	空气过滤器	清洁	清除过滤器积尘柄或排尘口的积尘
	5	管道及密封	检查	水管油管畅通，无漏油、漏水现象
	6	连接件	检查	螺栓、螺母、垫片无松动、丢失
	7	工作状态	检查	无异常反映，仪表指示正常
主体	8	液压油箱	检查	油量充足、及时添加
	9	液压元件	检查	作用良好，无卡滞
	10	传动系统	检查	作用可靠，无异常
	11	转向结构	检查	作用可靠，无异常
	12	制动系统	检查	制动气压正常，制动效果可靠
	13	行走装置	检查	轮胎气压符合规定，外表无异物，各种固定件无松动
工作装置	14	铲斗	检查	铲斗各部结构无变形损坏，铲刀及卸土板等动作灵活
	15	液压装置	检查	液压操纵机构作用良好，无泄漏，过热现象
整机	16	整机外部紧固件	检查	松动的紧固，缺损的补齐
	17	各操纵杆	检查	灵活、定位可靠
	18	整机外表	清洁	清除外部粘附的杂物
	19	工作状态	试运行	作业前空载试运转，无不良现象

自行式铲运机一级（月度）维护作业项目和技术要求

表 9-10

部位	序号	维护部件	作业项目	技 术 要 求
发动机	1	机油曲轴箱	快速分析	油质劣化超标时更换，不足时添加
	2	机油过滤器	清洁	清洗，更换滤芯
	3	燃油过滤器	清洁	拆洗，滤网如损坏时应更新
	4	空气过滤器	清洁	清洗并吹扫干净
	5	风扇及水泵传动带	检查、调整	调整传动带张紧度，如磨损严重，应换新
	6	散热器	检查	无堵塞、水垢严重时清洗
	7	燃油箱	清洁	无油泥、积垢、每 500h 清洗一次
电器仪表	8	仪表	检查	无异常反映，仪表指示正常
	9	蓄电池	检查、清洁	电解液相对密度高于 1.24，液面高出极板 10～12mm，极板清洁，通气孔畅通
	10	电气线路	检查	接头无松动，绝缘良好
	11	照明、喇叭	检查	符合使用要求
	12	发电机调节器	检查	触点平整，接触良好，如有烧蚀应修复
传动系统	13	变距器、变速器	检查	工作正常，无异响及过热，操纵灵活、定位正确
	14	驱动桥	检查	工作正常，无异响及过热，不漏油，减速器润滑油充分
	15	传动轴及连接螺栓	检查、紧固	工作正常，无松动现象
转向系统	16	方向盘	检查、调整	方向盘回转度超过 30 度时，应调整蜗杆与滚轮之间的间隙
	17	转向机	检查、紧固	油量充分，固定螺栓紧固无松动

部位	序号	维护部件	作业项目	技 术 要 求
制动系统	18	空气压缩机	检查	工作正常,无积水或油垢
	19	制动性能	检查、测试	制动效果可靠,无漏气现象,管路及接头无松动现象
	20	制动气压	检查、调整	观察气压表,应为 0.68～0.70MPa,必要时进行调整
液压系统	21	液压油箱	检查油质	油质劣化超标时更换,不足时添加
	22	液压元件	检查	作用良好、无卡滞、过热、噪声等异常现象
	23	管路及接头	检查、紧固	无泄露、无松动
工作装置	24	铲刀	检查、紧固	无连接松动
	25	卸土板	检查	活动灵活、卸土情况良好
	26	斗门	检查	斗门起落平稳,关闭严密,不泄露
	27	后轮	检查	轴承无损坏,磨损严重时应及时更换
整机	28	紧固件	检查、紧固	按规定力矩紧固各主要连接件
	29	整机性能	试验	作业正常,无异常情况

自行式铲运机二级（年度）维护作业项目和技术要求

表 9-11

部位	序号	维护部件	作业项目	技 术 要 求
发动机	1	曲轴箱	清洗	清洗油路及油底壳,清除污物、更换润滑油
	2	节温器	检查、试验	节温器功能正常,77℃时阀门开始开启,80℃时阀门充分开启,不符此要求时更换
	3	配气机构	检测	用仪表检测气门密封性,如不合格时,应研磨气门,检查气门间歇,如不符规定应进行调整

部位	序号	维护部件	作业项目	技 术 要 求
发动机	4	曲轴连杆机构	测定气缸压力	气缸压缩压力不低于标准值的80%，各缸压力差不超过8%，在正常温度时，各进排气口、加机油口、水箱等处无明显泄露
	5	润滑系统	检测机油压力	在标定转速时机油压力为245～346kPa范围内，在500～600r/min时，机油压力不小于49kPa
	6	泵及喷油器	测试	在试验台上校检，使其雾化良好，断油迅速，无滴油现象
电器仪表	7	起动机及电动机	拆检	清洁内部，润滑轴承，更换磨损零件，修整整流子，测量绝缘应良好
	8	电气线路	检查	接头无松动，绝缘良好
	9	仪表	检测	指针走动平稳，回位正确，数字清晰
传动系统	10	取力箱	检查	扭转减速器应功能正常，各零部件磨损超限或有损毁时，应予更换
	11	变矩器、变速器	检查清洗	变矩器自动锁闭机构功能可靠，变速器各离合器无打滑现象，各零件磨损超限时更换，清洗壳体内部，更换润滑油
	12	驱动桥及轮速减速器	检测	螺旋锥齿轮的啮合间隙为0.30～0.45mm，齿轮轴上圆锥轴承的轴向间隙为0.10mm，间隙应符合上述标准
	13	传动轴及万向节	拆检	进行拆检、清洗各零件磨损超限时应更换
转向、制动系统	14	转向性能	检查	单轴牵引车相对工作装置能左、右90度转向，转弯直径符合规定
	15	空气压缩机	拆检	压缩机工作24小时后，在油水分离器和储气筒中集聚的机油超过10～15cm³时，应检查活塞及活塞环，如磨损严重应更换
	16	制动器	拆检	制动摩擦片磨损超限时更换，制动鼓磨损超限时应镗削，其他零件磨损或损坏时，应修复或更新
	17	制动气门	检查	各气阀应功能可靠，无漏气现象

部位	序号	维护部件	作业项目	技 术 要 求
液压系统	18	液压油箱	清洗	清洗转向及工作装置液压油箱,更换新油
	19	液压泵、液压阀、液压缸	检查、测试	在额定工作压力下,各液压元件应工作正常,无渗漏、噪声及过热等现象,液压缸应伸缩平稳,无卡滞及爬行现象
	20	传动、转向工作装置等液压系统	检查、测试	各系统工作压力应符合规定,否则,应查明原因,进行调整
工作装置	21	各铰接处	检查	各铰接处的销轴、销套磨损严重时应更换
	22	牵引车和铲斗连接	检修	应连接牢靠
	23	铲刀及推土板	检修	不应有严重磨损或变形
	24	尾架	检修	尾架应紧固,无脱焊、变形、顶推装置良好
整机	25	各紧固件	检查、紧固	按规定力矩紧固各主要连接件
	26	机体涂覆面	除锈、补漆	应无锈蚀、起泡、必要时进行除锈补漆
	27	整机性能	试运转	作业正常,各项性能符合要求

自行式铲运机润滑部位及周期　　　　　表 9-12

润 滑 部 位	点数	润滑剂	润滑周期(h)
换挡架底部轴承	1		
传动轴伸缩叉	2		
转向液压缸圆柱销	4		
换向机构曲柄	2		
卸土液压缸圆柱销	4	钙基脂	
滚轮	3	冬 ZG-2	8
猿架球铰节	1	夏 ZG-4	
斗门液压缸圆柱销	4		
提斗液压缸圆柱销	4		
中央框架水平轴	2		
中央框架上下立轴	2		

润滑部位	点数	润滑剂	润滑周期(h)
前制动凸轮轴支架	2	钙基脂	
制动器圆柱销及凸轮轴	12	冬 ZG-2	50
气门前端	4	夏 ZG-4	
功率输出箱	1	汽轮机油	50 加注
		冬 HQ-6	1000 更换
万向联轴器滚针	4	夏 HQ-10	200 加注
			1000 更换
变矩器	1	汽轮机油	50 加注
变速器	1		1000 更换
转向油箱		冬 HU-22	50 加注
铲斗工作油箱		夏 HU-30	2000 更换
减速器	1	齿轮油	
轮边减速器	2	冬 HL-20	50 加注
差速器	1	夏 HL-30	1000 更换
转向器	1		
变矩器壳体前轴承	1	钙基脂	
制动调整臂蜗轮、蜗杆	4	冬 ZG-2	200
操纵阀手柄座	3	夏 ZG-4	
前后轮毂轴承	4		2000 更换

7. 平地机的维护

平地机各级维护作业项目和技术要求等，以 PY185 型平地机为例，见表 9-13、表 9-14、表 9-15，润滑油部位及周期见表 9-16，其他机型也可参照执行。

平地机日常维护作业项目和技术要求　　　表 9-13

部位	序号	维护部件	作业项目	技术要求
发动机	1	曲油箱、机油量	检查、添加	在机械水平状态下,冷车检查油面应在标尺的 L-H 之间
	2	空气过滤器	检查、清洁	集尘器中灰尘不得超过整个容器的 2/3

部位	序号	维护部件	作业项目	技 术 要 求
发动机	3	冷却液面	检查、添加	应接近加水口,不足时添加
	4	风扇及传动带	检查、调整	风扇安装可靠,传动带无损伤,用约20N的力压在传动带中间,下重量为15～20mm
	5	油水分离器	排放	打开燃油滤清器底部放水螺钉将水排净后关闭阀门
	6	仪表	观察	仪表指针均在正常状态下指示
	7	管道及密封	检查	水管油管均无渗漏,接头无松动
	8	紧固件	检查	无松动、缺损
	9	燃油箱	检查	放出积水及沉淀物
主体	10	液压元件	检查	动作准确,作用良好,无卡滞
	11	液压油箱	检查	油量充足,无泄露
	12	操纵机构	检查	各操纵杆、踏板动作灵敏可靠
	13	变矩器、变速器	检查	工作正常,油量充分
	14	后桥箱、平衡箱	检查	工作正常,油量充分
	15	制动器	检查	作用可靠,无异常
	16	各机构及结构件	检查	无变形、损坏、异响等不正常情况
	17	紧固件	检查	无松动、缺损
其他	18	轮胎	检查	气压符合要求,胎面无破漏处
	19	工作装置	检查、紧固	各部位无过度磨损,紧固各连接件
	20	车架	检查	结构无变动,连接无松动
	21	整机外表	清洁	清除外表及驾驶室中的无用杂物

平地机一级（月度）维护作业项目及技术要求　　表 9-14

部位	序号	维护部件	作业项目	技 术 要 求
发动机	1	机油过滤器	清洗	清洗,更换滤芯
	2	进排气管	检查、紧固	连接紧固、无漏气现象
	3	燃油过滤器	清洗	拆洗,滤网如损坏时应更新

部位	序号	维护部件	作业项目	技 术 要 求
发动机	4	空气过滤器	清洗	清洗并吹扫干净
	5	机油散热器	检查	散热片平整,各油管接头无渗漏
	6	水泵及进、排水管	检查	水泵运转正常,进出水管无渗漏
	7	仪表	观察	无异常反映,仪表指示正常
	8	紧固件	检查、紧固	各紧固件无松动、遗失短缺
液压系统	9	液压油过滤器	清洁	更换控制油路、注油器、滤清器
	10	蓄能器	检查	蓄能在压力低于 13.3MPa 时增压,在压力到 15MPa 时断油
	11	液压系统	检查	液压泵、缸、阀等工作元件作业正常,无噪声及渗漏,管路及接头密封良好,转向工作压力为 15MPa,作业工作压力为 13MPa,如不符合应调整
	12	液压油	分析	快速分析,如油质劣化超标,应更换
主体	13	转向机	检查、紧固	检查转向杆的槽形螺母、转向梯形拉杆和转向缸的螺栓是否紧固,应按规定扭矩拧紧
	14	传动轴	检查	传动轴万向节如有松旷,应检修
	15	各齿轮箱	检查、调整	变速器、后桥箱等油量充分
	16	脚制动器	检查、调整	工作可靠,必要时调整间隙
	17	平衡箱	检查、调整	调整平衡箱链条张紧度
	18	手制动器	检查、调整	以正常拉力将手柄拉到第四个齿槽即可达到制动要求,否则需调整
	19	工作装置	检查、调整	如刮刀动作间隙过大,就要成对更换防磨条和导衬,如径向跳动超过 3mm,横向摆动超过 2.5mm,应调整回转圈导板

部位	序号	维护部件	作业项目	技 术 要 求
其他	20	电气线路	检查	无短路、接头松动、绝缘破裂等情况
	21	蓄电池	检查清洁	测量电解液相对密度，必要时充电，添加蒸馏水，清洁极板及外壳
	22	主要螺栓及管接头	检查、紧固	按规定力矩紧固
	23	整机外表	清洁	清除外表泥土、清扫驾驶室及门窗
	24	整机性能	试运转	作业正常，无异常情况

平地机二级（年度）维护作业项目及技术要求　表 9-15

部位	序号	维护部件	作业项目	技 术 要 求
发动机	1	供油系统	清洗、放空气	清洗燃油滤清器，更换滤芯及密封圈，排除低压油路和高压油管中的空气
	2	冷却系统	检查、清洗	检查节温器开闭温度应符合规定，清洗散热器，如有渗漏应及时修补
	3	润滑系统	检查、清洗	清洗油底壳及机油管路，测定机油压力应符合规定要求
	4	动力系统	检查	在 $5 \sim 10s$ 之内发动机着火运转，允许 2 次起动，但间隔时间为 2min
	5	工作状态	检测	急速 700r/min 时发动机应稳定运转，高速 2300r/min 时，变化率不超过 $\pm 15\%$；功率为 136kW，下降不超过 25%；发动机大负荷工况时无异常情况
	6	曲轴连杆机构	检测	测定气压压力不低于标准值的 80%，各缸压力差不超过 8%（压缩比为 17.3），用 0.8MPa 的压缩空气冲入气缸后，进排气口、加机油口、水箱等处无漏气和气泡

部位	序号	维护部件	作业项目	技 术 要 求
发动机	7	配气机构	检测、调整	调整气门间的间隙,进气门 0.30mm,排气门 0.61mm,测量气门密封性能
	8	喷油泵、喷油器	试验、调整	在燃油泵实验台实验调整,喷油压力为 20MPa,雾化良好
	9	仪表	观察	各仪表指示值应在绿色区域内,电流表指针向"＋"摆动
	10	起动机、发电机、调节器	拆检、清洁	拆检起重机及发电机,修复磨损的整流子,更换磨损碳刷,清除积尘,调节器触头如有烧损应修复
	11	燃油箱	清洗	清洗燃油箱,清除杂物
液压系统	12	液压油箱	检查、清洗	液压油化验,油质劣化超标时更换、清洗滤清器
	13	液力传动	检测、换油	变距器操作油路中进口压力为 0.85MPa,出口压力为 0.5MPa,工作油温为 80～－110℃,操纵供油的齿轮泵其操纵压力为 1.3～1.5MPa,流量为 35L/min
	14	作业液压系统	检测	工作泵压力为 18MPa,液压缸、阀等元件作用良好
主体	15	转向机构	检查、测定	转向角度为 45°;转向半径:车轮倾斜时 10.4m,车轮不倾斜时 10.9m;转向泵工作压力为 15MPa,不符合上述规定应调整
	16	制动器	检查	拆洗轮边制动器,如制动摩擦片厚度不足 3mm,应成对更换,更换制动液,调整制动间隙
	17	前、后桥	检查、调整	一般齿轮磨损厚度不应超过0.2～0.25mm,主要齿轮磨损厚度不超过0.1～0.2mm,主传动小齿轮轴间隙应小于 0.05mm,调整轴承间隙,更换轮毂中的润滑油

部位	序号	维护部件	作业项目	技 术 要 求
主 体	18	机架及各结构件	检查	无裂纹、变形或其他缺陷
	19	工作装置	检查、调整	调整括刀回转齿圈,包括导板的轴向调节和回转齿圈的径向调节,使回转圈能自由旋转360°
其 他	20	各连接件	检查、紧固	是否符合规定的扭矩,紧固各主要连接件
	21	各销轴、补套	检查	测量磨损度,超标者更换
	22	整机外表	清洁、补漆	外表清洁,补漆或喷漆
	23	整机性能	检测	应符合下列规定:前进档最高速为36.5km/h,最低速为5.2km/h,倒档最高为26km/h,最低速为5.2km/h,最小转弯半径10.4m,爬坡能力为20°,最大牵引力为8t

平地机润滑部位及周期　　　　　表 9-16

润 滑 部 位	润滑点数	润滑剂种类		润滑周期(h)	备注
		冬季	夏季		
前桥枢轴	1	冬 ZG-2	夏 ZG-4	8	加注
转向横拉杆球节	4				
离合器轴承	2				
转速表	1				
后桥铜套	2				
铲刀升降液压缸活塞杆球节	2				
铲刀升降液压缸支承轴套	8				
铲刀牵引架连接球节	2				
前轮转向液压缸球节	2				
前轮转向节	2				
前桥转动轴	7	冬 ZG-2	夏 ZG-4	60	加注
松土器球节	2				
松土器液压缸球节	2				
松土器支承套	2				
铲刀回转小齿轮	2				

润滑部位	润滑点数	润滑剂种类		润滑周期/(h)	备注
		冬季	夏季		
铲刀回转液压缸球节	3				
铲刀变角液压缸球节	4				
转盘耳板	2				
连杆套管	2				
铲刀回转连锁紧踏板销	1				
制动踏板销	1				
离合器传动轴	2				
后桥转盘	4				
后桥转向液压缸球节	4				
离合器与变速箱中间传动轴	3	冬 ZG-2	夏 ZG-4	60	加注
方向盘装置	3				
铲刀倾斜液压缸支承轴套	3				
铲刀倾斜液压缸连杆球节	2				
工作液压泵架	1				
平衡箱主动链轮轴承	2				
后桥传动轴	3				
离合器分离轴承	2				
铲刀引出液压缸球节	2				
前轮转向轴承座	2				
风扇轴承	1				
发动机油底壳	1			120	
喷油泵凸轮轴底壳	1	HC-8	HC-11、14	240	换油
调速器	1			240	
制动总泵	1	刹车油		1000	
铲刀回转锁紧主泵	1			1000	
方向机	1			1000	
变速器	1			1000	
前桥差速器	1	HL-20	HL-30	1000	
后桥	1			1000	换油
平衡箱	1			1000	
液力变矩器	1	HU-20	HU-30、46	1000	
工作油箱	1	HJ-20、30	HJ-30、40	1000	
发电机	1	ZN-2	ZN-3	1000	
起动电动机	1			1000	

（二）常见机械故障及处理

1. 推土机的故障处理

履带式推土机的常见故障及排除方法见表 9-17。

履带式推土机常见故障及排除方法　　　　表 9-17

序号	故障现象	故障原因	排除方法
1	主离合器打滑	(1)摩擦片间隙过大 (2)离合器摩擦片沾油 (3)压盘弹簧性能减弱	(1)调整间隙,如摩擦片磨损超过原厚度 1/3 时,应更换摩擦片 (2)清洗、更换油封 (3)进行修复或更换
2	主离合器分离不彻底或不能分离	(1)钢片翘曲或飞轮表面不平 (2)前轴承因缺油咬死 (3)压脚调整不当或磨损严重	(1)校正修复 (2)更换轴承,定期加油 (3)重新调整或更换压脚
3	主离合器发抖	(1)离合器套失圆太大 (2)松放圈固定螺栓松动	(1)进行修复 (2)紧固固定螺栓
4	主离合器操纵杆沉重	(1)调整盘调整过量 (2)油量不足使助力器失灵	(1)松回调整盘,重新调整 (2)补充油量
5	液力变矩器过热	(1)油冷却器堵塞 (2)齿轮泵磨损,油循环不足	(1)清洗或更换 (2)更换齿轮泵
6	变速器挂档困难	(1)连锁机构调整不当 (2)惯性制动失灵 (3)齿轮或花键轴磨损	(1)重新调整 (2)调整 (3)修复,严重时更换
7	变速杆挂档后不起步	(1)液力变矩器和变速器的油压不上升 (2)液压管路有空气或漏油 (3)变速器滤清器堵塞	(1)检查修理 (2)排除空气,紧固管路接头 (3)清洗滤清器

序号	故障现象	故障原因	排除方法
8	中央传动啮合异常	(1)齿轮啮合不正常或轴承损坏 (2)大圆锥齿轮紧固螺栓松动或第二轴上齿轮轮毂磨损	(1)调整齿轮间隙,更换轴承 (2)紧固螺栓或旋紧第二轴前锁紧螺母后用开口销锁牢
9	转向离合器打滑使推土机跑偏	(1)操纵杆没有自由行程 (2)离合器片沾油或磨损过大	(1)调整后达到规定 (2)清洗或更换
10	操纵杆拉到底不转弯	(1)操纵杆与增力器间隙过大 (2)主从动片翘曲,分离不开	(1)调整 (2)校平或更换
11	推土机不能急转弯	(1)制动带沾油或磨损过度 (2)制动带间隙或操纵杆自由行程过大	(1)清洗或更换 (2)调整至规定值
12	液压转向离合器不分离	(1)转向油压、油量不足 (2)活塞上密封环损坏,漏油	(1)清洗滤清器,补充油量 (2)更换密封环
13	制动器失灵	(1)制动摩擦片沾油或磨损过度 (2)踏板行程过大	(1)清洗或更换 (2)调整
14	引导轮、支重轮、托带轮漏油	(1)浮动油封及O形圈损坏 (2)装配不当或加油过量	(1)更换 (2)重新装配,适量加油
15	驱动轮漏油	(1)接触面磨损或有裂纹 (2)装配不当或油封损坏	(1)更换或重新研磨 (2)重新装配,更换油封
16	引导轮、支重轮、托带轮过度磨损	(1)三轮的中心不在一条直线上 (2)台车架变形,斜撑轴磨损	(1)校正中心 (2)校正修理,调整轴衬
17	履带经常脱落	(1)履带太松 (2)引导轮、支重轮的凸缘磨损 (3)三轮中心未对准	(1)调整履带张力 (2)修理或更换 (3)校正中心

序号	故障现象	故障原因	排除方法
18	液压操纵系统油温过高	(1)油量不足 (2)滤清器滤网堵塞 (3)分配器阀上、下弹簧装反	(1)添加至规定量 (2)清洗滤清器 (3)重新装配
19	液压操纵系统作用慢或不起作用	(1)油箱油量过多或过少 (2)油路中吸入空气 (3)油箱加油口空气孔堵塞	(1)使油量达到规定值 (2)排除空气,拧紧油管接头 (3)清洗通气孔及填料
20	铲刀提升缓慢或不能提升	(1)油箱中油量不足 (2)分配器回油阀卡住或阀的配合面上沾有污物 (3)安全阀漏油或关闭压力过低 (4)液压泵磨损过大	(1)加油至规定油面 (2)用木棒轻敲回油阀盖,或取出清洗阀坐后重新装回 (3)检查,调整压力 (4)适当加垫或更换新泵
21	铲刀提升时有跳动或不能保持提升位置	(1)分配器、滑阀、壳体磨损 (2)液压缸活塞密封圈损坏 (3)操纵阀杆间隙过大 (4)操纵阀卡住	(1)更换分配器 (2)更换 (3)修理调整 (4)检查修理
22	安全阀不起作用	(1)安全阀有杂物夹住或堵塞 (2)弹簧失效或调整不当	(1)检查并清理 (2)更换或重新调整

2. 铲运机的故障处理

自行式铲运机的常见故障及排除方法见表9-18。

自行式铲运机的常见故障及排除方法 　　　表 9-18

序号	故障现象	故障原因	排除方法
1	挂挡后机械不走或有蠕动现象	(1)变速器挡位不对 (2)油液少 (3)挡位杆各固定点有松动	(1)重新挂挡 (2)添加油料到规定容量 (3)紧固

序号	故障现象	故障原因	排除方法
2	液力变矩器油温高且升温快	(1)油量过多或过少 (2)滤油器堵塞 (3)离合器打滑 (4)变速器挡位不对 (5)有机械摩擦	(1)放出或注入油量至规定额 (2)清洗或更换滤油器 (3)除去离合器摩擦片和压板上的油污 (4)重新挂挡 (5)检查后调整或修理
3	主油压表上升缓慢,供油泵有响声	(1)滤网堵塞 (2)油量少 (3)各密封不良,漏损多 (4)油液起泡沫	(1)清洗滤网,必要时更换 (2)添加油料至规定要求 (3)更换密封,消除损漏 (4)检查后更换
4	车速低,油温升高	(1)使用挡位不正确 (2)制动蹄未解脱 (3)工作装置手柄及气动转向阀手柄位置不对	(1)换至适当挡位 (2)松开制动器 (3)调整到中间位置
5	各挡位主油压低	(1)油量少 (2)液压泵磨损 (3)离合器密封漏油 (4)滤网堵塞 (5)主调压阀失灵	(1)添加至规定量 (2)检查修理,必要时更换 (3)更换密封件 (4)清洗滤网,必要时更新 (5)检查修复或更换
6	主油压表摆动频繁	(1)油量少 (2)油路内进入空气 (3)油液泡沫多	(1)添加到规定量 (2)将空气排出 (3)检查后更换油液
7	转向无力	阀调压螺栓松动,油压低	紧固调整使油压正常
8	转向不灵	(1)油量少 (2)系统有漏油现象 (3)滤油器阻塞	(1)增添油量到规定值 (2)检查后,紧固接头,更换密封件 (3)清洗或必要时更换滤网
9	转向有死点	(1)换向机构调整不当 (2)转向阀节流滤网阻塞	(1)重行调整 (2)清洗或必要时更换滤网
10	转向失灵油温升高	(1)转向阀或双作用安全阀的调整阀或单向阀失灵 (2)油路有阻塞 (3)油量少	(1)检查后调整或修理 (2)清洗滤网或更换 (3)添加到规定量

序号	故障现象	故障原因	排除方法
11	方向盘自由行程大于30°	(1)转向机轴承间隙大 (2)拉杆刚性不足,接合处间隙大	(1)调整或必要时更换 (2)进行加固并调整间隙
12	气压降至0.68MPa以下,空气仍从压力控制器排出	(1)控制器放气孔被堵塞 (2)止回阀漏气 (3)控制器鼓膜漏气,盖不住阀门座	(1)用细钢丝通开放气孔 (2)检查密封情况,如橡胶阀体损坏,应更换新件 (3)检查后如密封件损坏,应更换新件
13	压力低于0.68MPa	控制器调整螺钉过松,阀门开放压力低	将调整螺钉拧入少许
14	停止供气后贮气筒压力下降快	控制器止回阀漏气	检查止回阀密封情况,如损坏更换新件
15	放气压力高于0.7MPa	控制器调整螺钉过紧,阀门开放压力高	将调整螺钉拧出少许
16	发动机熄火后贮气筒压力迅速下降	(1)阀门密封不良或阀门损坏 (2)阀门回位弹簧压力小	(1)连踏制动踏板数下并猛然放松,使空气吹掉阀门上脏物。如阀门损坏,应更新 (2)检查,如压力不足,可在弹簧下加垫片或更换新件
17	熄火后踏下制动踏板压力迅速下降	活塞鼓膜损坏	更换新膜
18	制动鼓放松缓慢、发热	活塞被脏物卡住,运动不灵活	拆开检查,清除脏物
19	绞盘卷筒发热	制动带太紧	调整制动带
20	操纵时,斗门不起或卸土板不动	(1)绞盘摩擦锥未能接上 (2)摩擦锥的摩擦片磨损 (3)摩擦片上有油垢	(1)调整摩擦离合器 (2)更换新件 (3)清洗
21	铲斗提升位置不能保持所需高度	(1)制动器松动 (2)制动带磨损 (3)制动带上有油垢 (4)弹簧松弛	(1)调整制动带 (2)调整,必要时更换 (3)清洗 (4)更换

序号	故障现象	故障原因	排除方法
22	卸土后,卸土板不回原位,斗门放不下	(1)卸土板歪斜,滚轮卡死 (2)钢丝绳卡住在滑轮组的缝里	(1)矫正歪斜,更换滚轮 (2)打出钢丝绳,更换并矫正滑轮壳
23	卸土板回位后斗门放不下	(1)卸土板歪斜,滚轮卡死 (2)斗门臂歪斜与半臂卡住	(1)矫正歪斜,更换滚轮 (2)消除歪斜
24	滑轮组发热或咬住	(1)滑轮歪斜或不动 (2)润滑油不足或轴承损坏	(1)换滑轮并消除歪斜原因 (2)及时加油或更换轴承
25	钢丝绳滑出	挡绳板损坏或位置不恰当	修理或调整
26	铲斗各部动作缓慢	(1)油箱油量少 (2)工作油泵压力低,有内漏现象 (3)多路换向阀调压螺钉松动,回路压力低 (4)油缸、多路换向阀有内漏 (5)油路或滤网有堵塞现象	(1)加添至规定量 (2)检查部件磨损和密封情况,必要时更换新件 (3)将调压螺钉拧紧 (4)检查部件磨损和密封情况,必要时更换新件 (5)疏通油路,清洗滤网或更换
27	铲斗下沉迅速	(1)提升油缸泄漏 (2)多路换向阀泄漏	(1)检查修复、更换密封件 (2)检查修复或更换部件
28	操纵不灵活	(1)多路换向阀连接螺栓压力不够 (2)操纵杆不灵活	(1)检查后调整或更换 (2)检查修理或更换

3. 装载机的故障处理

轮胎式装载机常见故障及排除方法见表9-19。

轮胎式装载机常见故障及排除方法　　表9-19

序号	故障现象		故障原因	排除方法
1	传动系统	各挡变速压力均低	(1)变速器油池油位过低 (2)主油道漏油 (3)变速器滤油器堵塞 (4)变速泵失效 (5)变速操纵阀调整不当 (6)变速操纵阀弹簧失效 (7)蓄能器活塞卡住	(1)加油到规定油位 (2)检查主油道 (3)清洗或更换滤油器 (4)拆检修复或更换 (5)按规定重新调整 (6)更换弹簧 (7)拆检并消除被卡现象

197

序号	故障现象		故障原因	排除方法
2		某个挡变速压力低	(1)该挡活塞密封环损坏 (2)该油路中密封圈损坏 (3)该挡油道漏油	(1)更换密封环 (2)更换密封圈 (3)检查漏油处并予排除
3	传动系统	变矩器油温过高	(1)变速器油池油位过高或过低 (2)变矩器油散热器堵塞 (3)变矩器高负荷工作时间太长	(1)加油至规定油位 (2)清洗后更换散热器 (3)适当停机冷却
4		发动机高速运转、车开不动	(1)变速操纵阀的切断阀阀杆不能回位 (2)未挂上挡 (3)变速调压阀弹簧折断	(1)检查切断阀,找出不能回位原因,并予排除 (2)重新推到挡位或调整操纵杆系 (3)更换调压阀弹簧
5		驱动力不足	(1)变矩器油温过高 (2)变矩器叶轮损坏 (3)大超越离合器损坏 (4)发动机输出功率不足	(1)适当停车冷却 (2)拆检变矩器、更换叶轮 (3)拆检并更换损坏零件 (4)检修发动机
6		变速器油位增高	(1)转向泵轴端窜油 (2)双联泵轴端窜油	(1)更换轴端油封 (2)更换轴端油封
7	制动系统	脚制动力不足	(1)夹钳上分泵漏油 (2)制动液压管路中有空气 (3)制动气压低 (4)加力器皮碗磨损 (5)年毂漏油到制动摩擦片 (6)制动摩擦片磨损超限	(1)更换分泵矩形密封圈 (2)排除空气 (3)检查气路系统的密封性,消除漏气 (4)更换磨损皮碗 (5)检查或更换轮毂油封 (6)更换摩擦片
8		制动后挂不上挡,表不指示	(1)制动阀推杆位置不对 (2)制动阀回位弹簧失效 (3)制动阀活塞杆卡住	(1)调整推杆位置 (2)检查或更换回位弹簧 (3)拆检制动阀活塞杆及鼓膜
9		制动器不能正常工作	(1)制动阀活塞杆卡住,回位弹簧失效或折断 (2)加力器动作不良 (3)夹钳上分泵活塞不能回位	(1)检查修复,更换回位弹簧 (2)检查加力器 (3)检查或更换矩形密封圈

序号	故障现象		故障原因	排除方法
10	制动系统	停车后空气罐压力迅速下降（30min 气压降超过 0.1MPa）	（1）气制动阀气门卡住或损坏 （2）管接头松动或管路破裂 （3）空气罐进气口单向阀不密封或压力控制器不密封	（1）连续制动以吹掉脏物或更换阀门 （2）拧紧接头或更换软管 （3）检查不密封原因，必要时更换
11		手制动力不足	（1）制动鼓和摩擦片间隙过大 （2）制动摩擦片上有油污	（1）按使用要求重新调整 （2）清洗干净摩擦片
12	液压系统	动臂提升力不足或转斗力不足	（1）液压缸油封磨损或损坏 （2）分配阀磨损过度，阀杆和阀体配合间隙超过规定值 （3）管路系统漏油 （4）安全阀调整不当、压力偏低 （5）双联泵严重内漏 （6）吸油管及滤油器堵塞	（1）更换油封 （2）拆检并修复，使间隙达到规定值或更换分配阀 （3）找出漏油处并予排除 （4）调整系统压力至规定值 （5）更换双联泵 （6）清洗滤油器并换油
13		动臂或转斗提升缓慢	（1）系统内漏，压力偏低 （2）流量转换阀阀杆被卡，辅助泵来油不能进入工作装置	（1）检查消除内漏，调整压力 （2）清洗流量转换阀，消除阀杆卡住的现象
14	转向系统	方向盘空行程过大	（1）齿条和转向臂轴间隙过大 （2）万向节间隙过大	（1）按要求进行调整 （2）更换万向节
15		转向力矩不足	（1）转向泵磨损，流量不足 （2）转向溢流阀压力过低 （3）转向阀严重内漏	（1）检修或更换转向泵 （2）将溢流阀压力调至规定值 （3）检修或更换转向阀

序号	故障现象		故障原因	排除方法
16	转向系统	转向费力	(1)转向阀滑阀卡住 (2)转向液压系统流量不足 (3)流量转换阀调速弹簧失效或折断 (4)流量转换阀阀杆被卡	(1)检修阀体和滑阀之间的配合间隙达到使用要求 (2)检修或更换转向泵 (3)更换弹簧 (4)清洗阀杆、阀座,消除卡住现象
17		转向臂轴或其他受力件损坏	(1)在直线位置时,转向臂上扇形齿未对中间位 (2)转向液压系统压力过低 (3)进转向缸油管接错	(1)按规定调至中间位 (2)按规定调整压力 (3)按要求连接管路

4. 平地机的故障处理

平地机常见故障及排除方法见表 9-20。

平地机常见故障及排除方法　　　表 9-20

序号	故障现象		故障原因	排除方法
1	发动机	发动机不能起动	(1)燃油系统中有空气 (2)燃油系统油路堵塞 (3)蓄电池电量不足	(1)放空气,紧固油管接头 (2)清洗,疏通 (3)充电
2		机油压力失常	(1)机油量不足 (2)机油泵磨损或损坏 (3)机油滤清器堵塞	(1)添加 (2)修理或更换 (3)清洗、疏通
3		冷却水温度过高	(1)冷却水不足 (2)水泵或管路出故障	(1)添加 (2)修理水泵或管路
4	传动系统	变矩器出口压力过低	(1)油位过低 (2)出口压力阀在打开位置卡住 (3)泵及补偿系统漏油或堵塞	(1)添加 (2)修理、清洗 (3)修理、清洗、疏通

序号	故障现象		故障原因	排除方法
5	传动系统	变速箱挂不上挡	(1)控制杆调整不正确,阀门不到位 (2)管路接错 (3)液压泵压力建立不起来 (4)离合器活塞密封圈损坏	(1)重新调整 (2)重接 (3)修泵或更换 (4)更换密封圈
6		变速箱异响	(1)润滑油黏度低 (2)润滑油不足 (3)齿轮磨损 (4)轴承损坏	(1)换油 (2)加油 (3)修理,更换 (4)修理,更换
7		驱动桥异响	(1)轴承磨损松动 (2)齿轮啮合间隙不正确 (3)齿轮、差速器等的螺栓松动	(1)调整轴承 (2)调整 (3)重新上紧
8		串联箱内有异响	(1)链条太松 (2)串联箱体与后桥体连接的间隙太大	(1)调整 (2)调整
9	制动系统	制动无力或失灵	(1)刹车油漏损 (2)刹车油路中混入空气 (3)油路堵塞 (4)制动带间隙太大 (5)制动带表面有油污 (6)气路压力过低,气路系统漏气	(1)加油,排除漏油原因 (2)放气 (3)清洗疏通 (4)调整 (5)清除油污,排除漏油故障 (6)修理
10		制动器不能松开	(1)油路阻塞,回油困难 (2)闸带间隙太小	(1)清洗疏通 (2)调整
11	转动系统	转向操纵费力	(1)转向油路系统压力低 (2)油流量太小,油位过低 (3)转向器油液内漏严重	(1)调整安全阀压力 (2)检查液压泵,加足油 (3)检查,加足油
12		前轮摆振	转向液压缸或拉杆轴承磨损	更换轴承

序号	故障现象		故障原因	排除方法
13	工作装置	作业装置操纵失灵	(1)液压泵损坏 (2)安全阀卡住,泄漏	(1)换泵 (2)修理
14		作业装置不能保持确定位置	(1)液压缸活塞密封圈损坏,内漏 (2)锁阀失灵	(1)换密封圈 (2)修理
15		刮刀作业时颤动	(1)刮刀滑道配合间隙过大 (2)回转圈支承间隙过大	调整
16		刮刀不能回转	(1)驱动马达损坏 (2)回转支承滑道卡住	(1)更换 (2)调整,消除卡滞
17		刮刀不能侧伸	(1)刮刀导向装置阻塞 (2)中央回转接头漏油	(1)清洗 (2)修理
18	液压系统	系统压力不足或完全无压力	(1)泵严重磨损,内漏严重 (2)油温过高,引起油黏度下降 (3)溢流阀工作不正常或堵塞,弹簧失效	(1)更换 (2)降低油温 (3)修理
19		油流量太小,或完全不流油	(1)油位低,吸不上油 (2)温度太低,致使黏度太大,吸不上油 (3)变量泵的调节机构失灵 (4)内漏严重	(1)停机,加足油 (2)提高油温 (3)修理 (4)修理,更换
20		泵异响、振动	(1)进入空气,油面太低 (2)油太冷,黏度太高或泵吸空 (3)泵故障	(1)加油,排气 (2)加热 (3)修理,更换
21		系统发热	(1)冷却器堵塞 (2)内部泄漏过大 (3)环境温度过高	(1)拆卸,清洗 (2)检修有关元件 (3)停机,冷却
22		操纵手柄沉重	(1)操纵阀被污物卡住 (2)弹簧失效	(1)清洗 (2)更换
23		液压缸动作不可靠	(1)液压缸内积存空气 (2)活塞密封损坏	(1)检查,排气 (2)更换密封圈

十、机 械 管 理

（一）工程机械管理概述

1. 工程机械管理的意义

所谓工程机械设备管理（亦称为机械设备管理）是指建筑施工企业对机械设备的装备购置、经营生产、使用维修、更新改造、处理报废等全过程的管理工作的总称。当前，我国国有大中型建筑企业已实现了机械化施工，生产性机械设备是生产力的重要组成要素，工程机械管理已成为现代建筑企业经营管理的重要组成部分。

工程机械管理对于合理地组织机械化施工，降低劳动强度，提高生产率，保证工程质量，加快工程进度，降低工程造价和施工成本，保证安全施工等，都有着十分重要的意义。

不同类型的企业，应结合企业的具体情况，制定机械设备管理制度，建立健全设备管理机构及岗位责任制，完善设备管理体制，加强机械设备的维护和检修工作。

在现代的建筑生产中，主要的生产活动如土石方工程、起重吊装、混凝土工程、装修工程、运输装卸等都是靠机械设备来完成的。有的工程不用机械设备是不能完成的，有的工程不用机械设备是保证不了工程质量的。所以，必须加强机械设备管理、正确使用设备，精心保养修理，使机械设备经常处于良好的技术状态，才能保证生产的正常进行。如果放松了设备的管理，该保养的不保养，该修理的不修理，机械设备时好时坏，甚至带病作业，正常的生产秩序就不能保证。因此，企业必须坚持既要保证完成施工生产任务，又要克服只顾生产而忽视机械管理的倾向。

加强机械设备管理，有利于企业获得良好的经济效益。机械设备是固定资产的重要组成部分，在固定资产中占有很大的比例，而且随着建筑机械化的发展，比例会愈来愈大。这样，与其有关的费用，如折旧费、维修费用以及固定资产占用费等等，在工程成本中的比重也会不断提高，通常一般机械费占土建工程造价的 $4\% \sim 8\%$。如果机械设备管理不好，设备的故障和事故会给生产经营带来严重的损失。因此，管好、用好、维修好机械设备，及时地对老设备进行革新改造是改善企业经济效果的重要途径之一。

加强机械设备管理，逐步摸索研究总结建筑机械技术系列，可以促进建筑生产的机械化，有利于建筑工业化的发展。机械化是建筑工业化的核心。

2. 工程机械管理的任务与内容

企业机械设备管理的任务就是对机械设备进行综合管理。做到合理装备、择优选购、正确使用、精心维护、科学检修、适时改造和更新设备，不断改善企业的技术装备水平，充分发挥设备效能，确保施工生产任务的顺利完成，从而达到提高建筑企业经济效益、不断提高装备现代化和管理现代化的水平、不断提高企业在建筑市场中的竞争能力的目的。

机械设备管理的内容，包括机械设备运动的全过程。即从选择机械设备开始，经生产领域的使用、磨损、补偿，直至报废退出生产领域为止的全过程。机械设备运动的全过程包括两种运动形态：一是机械设备的物质运动形态，包括设备选择、进场验收、安装调试、合理使用、维护修理、更新改造、封存保管、调拨报废和设备的事故处理等。二是设备的价值运动形态，即资金运动形态，包括机械设备的购置投资、折旧、维修支出、更新改造资金的来源和支出等。

机械设备的管理应包括这两种运动形态的管理。在实际工作中，前者一般叫机械设备的使用业务管理（或叫设备的技术管理），由机械设备管理部门承担；后者是机械设备的经济管理，构成企业的固定资金管理，由企业的财务部门承担。一般来说，工程机械管理按其具体工作内容的不同一般分为前期管理、资产管理、现场管理、安全管理、经济管理和统计管理等。

为搞好机械设备管理，施工企业应做好以下几项基础性工作：

（1）机械设备管理是一项技术性很强的综合管理工作，企业要建立健全设备管理机构，切实加强设备工作的领导，既要坚持完成施工生产任务，又要克服只顾生产而忽视机械管理的倾向。

（2）实行目标管理和岗位责任制，层层落实责任，推行全员管理，并经常性督促开展各项检查、竞赛活动，调动群众管好、用好机械设备的积极性和创造性。

（3）建立健全机械设备管理规章制度和严格的责任制度、奖惩制度，总结推广先进经验，使机械管理形成正常秩序，规范设备管理工作。

（4）重视机械技术和业务知识的培训工作，努力提高设备操作人员、维修人员和管理人员的专业水平和业务素质。

（二）机械设备的合理装备

"建筑机械设备的装备"有以下两个范畴，一是建筑企业如何装备机械设备；一是一项建筑工程如何选择和配备机械设备。此处仅讨论建筑企业如何装备机械设备问题，后一种配备问题属于合理选用机械的问题，在制定施工方案中详细研究和解决，是"项目管理"课程的任务。

1. 建筑企业装备机械设备的原则

企业的机械设备装备是企业机械管理的重要问题。由于建筑生产的特点，产品的多样性，多变性，这就决定了机械配备和确定机械的品种、规格、数量是很复杂的问题。

企业机械设备的合理装备总的原则是技术上先进，经济上合理，生产上适用。也就是说，应该是既满足企业生产技术的需要，又要使每台机械都能发挥最大的效率，满足经济上的要求，达到适用的目的。

2. 合理装备结构的特征

（1）技术先进。
（2）机械效率和利用率高。
（3）机械化程度均衡。
（4）大、中、小型工程机械及动力机具的合理比例。
（5）便于使用和维修。

（三）机械设备资产管理

机械设备是建筑施工企业固定资产的重要组成部分。从固定资产的角度对企业的机械设备进行管理的全过程称为机械设备的资产管理。固定资产是指使用期限超过一年，单位价值较高，且在规定标准以上，为生产商品、提供劳务、出租或者经营管理而持有的有形资产。不属于生产经营主要设备的物品，单价在2000 元以上并且使用年限超过两年的，也应当作为固定资产。

机械设备管理的全过程包括机械设备的购置验收、建立机械设备台账和单机卡片、分类编号、建立技术监理档案、清点盘查、折旧和大修基金提取、封存、调拨、处理和报废等工作。

1. 机械设备的购置和验收

（1）机械设备的购置

机械设备购置分为购置计划和订货选购两个阶段。对于大型机械设备和进口机械设备，由各地区、各部门的建设主管部门制定管理办法，防止盲目购置，重复购置。

（2）机械设备的验收

机械到货后，应按国家、主管部或生产厂有关标准所规定的产品质量、检验方法、验收规则、标志、包装、运输、保管等技术标准的要求，做好购置机械的试验和验收工作，确认合格后，才能列入固定资产。进口机械经过到货验收或在保证期内发现机件缺损、质量低劣或因到货延期等造成损失时，应按照合同中确认的索赔与仲裁条件，通过外贸部门向外商或运输部门提出索赔。

验收的依据是核对各项原始凭证，包括：订货合同或协议书；订货的发票、货运单、装箱单、发货明细表、设备说明书、质量保证书及有关文件和技术资料等。

验收的内容主要是：机械外观检查和质量检验；随机附件、易损备品配件、专用工具以及设备说明书、图纸等随机技术资料的清点等工作。

经验收合格后，首先由机械管理部门填写机械设备验收和试验记录单，之后请单位总工程师或总机械师签字，并随同原始单据交财务部门作为固定资产的入账依据。因特殊工艺要求自制的非标准机械设备，验收合格后，经试用（试用期 6 个月）、检测，证明其质量、技术性能、安全装置符合要求，可纳入企业的固定资产管理。

2. 机械设备的分类、编号、建账、立卡和清点

为便于管理，建筑机械必须按照国家和企业的规定，根据其性能和用途进行统一分类和编号。

为掌握所有机械设备的基本情况，企业所属各级机管部门要建立机械设备台账和机械设备登记卡。机械设备台账以机械设备的编号为顺序，反映各类机械设备的数量，增减变化和分布情况以及每台机械的主要技术数据，来源及其原值等情况。机械设备登记卡为一机一卡，卡片应随机转移，报废时，卡片应附在报废申请表后送审。机械设备登记卡必须指定专人填写、保管，不得随便更改、毁换或增减内容，做到台账、登记卡与机械设备相符。

按照国家对国有资产清查盘点规定，施工企业每年年终前都要对机械设备进行一次全面地清查盘点，作为年终清产工作的重要内容之一。

3. 机械设备技术档案

所有机械设备要建立技术档案，内容包括：随机技术文件（产品使用、保养和修理说明书，出厂合格证、图纸等），装箱单，交接验收凭证等原始技术资料，历次大修理记录，设备改造记录，运转时间记录，机械事故记录，报废鉴定表及其他有关资料。

企业机管部门应建立机械履历书，并有专人负责保管，建立借阅登记簿；报废解体销毁后的机械设备，档案也随之销毁。

4. 机械设备折旧和折旧基金

机械设备作为施工企业的固定资产，在长期参加施工生产过程中逐渐磨损，而其价值则随着固定资产的使用逐渐地、部分地转移到工程成本或企业的期间费用中去，这部分逐渐转移的价值就是固定资产折旧。机械设备的折旧就是根据机械设备的磨损程度，按月或年一部分一部分地转移到工程成本中去的机械设备价值。折旧的不断累积，形成用于机械设备更新和改造的资金称为折旧基金。

施工企业一般根据制度规定的各类固定资产预计使用年限和预计净残值率，采用年限平均法或工作量法计提折旧。

国家规定国有企业的固定资产必须按月计提折旧基金。当月增加的固定资产，当月不提折旧，从下月起计提折旧；当月减少的固定资产，当月照提折旧，从下月起不提折旧。企业不得随意改变折旧政策；不得少提、多提固定资产折旧。折旧基金和转让机械设备的收入，必须全部用于机械设备的更新改造，而不得用于其他开支。

5. 机械设备的封存、调拨、处理和报废

（1）机械设备的封存

由于生产任务不足或企业转产等原因，造成闲置的机械设备，应维修保养后入库封存保管。将闲置 6 个月以上的机械设备封存保管对加强机械设备的管理是有益的，但企业还应抓紧安排闲置机械的出路，尽量减少由于封存给企业带来的经济损失。

机械设备的封存保管应由公司一级机械管理部门负责。应建立封存设备库、建立封存设备台账并制定进、出库制度，设专人负责。对于封存保管的设备，上级主管部门可根据施工生产的需要，随时调拨给其他单位。

（2）机械设备的调拨和处理

有些施工企业由于施工生产的变化或由于更新和购置失误等原因，可能造成一些机械设备的闲置或积压。同时，也有施工企业由于生产任务急需某些机械设备，但因一时采购不到或因购置新设备资金不足，也希望能找到一些所需的闲置积压设备，于是便发生了机械设备的调拨和处理。这样既能充分发挥机械设备的作用，又能减轻企业的负担。

调拨一般是指同建制企业之间和本企业内部机械设备的调动。而处理则一般指不同建制企业之间所进行的机械设备的变价销售。同建制企业之间的机械设备调拨属于产权变更，应办理固定资产转移手续，企业内部生产单位之间机械设备的调拨不属于产权变更，而只是使用权的转移，因而不需要办理固定资产转移手续。机械设备的处理也称为有偿调拨，属于产权变更，要办理固定资产转移手续。

在进行机械设备的调拨和处理时，施工企业应注意：

1）凡属国家或部规定淘汰机型的设备，一律不得调拨或处理给其他单位。

2）汽车类机械设备在调拨和处理时，要同时办理行车执照、养路费和保险费等转移手续。

3）机械设备调拨要经过上级主管部门批准，凭上级主管部门签发的机械设备调拨通知单执行。

（3）机械设备的报废

机械设备使用时间已达到折旧年限，或因磨损严重，或因事故使机械设备受到严重损坏，均可进行报废处理。机械设备属于下列情况之一的应予以报废：

1）磨损严重、基础件已损坏，再进行大修已经不能使其达到使用和安全要求者；

2）技术性能落后、耗能高，无改造意义者；

3）修理费用高，在经济上大修不如更新合算者；

4）属于淘汰机型、无配件来源者。

机械设备报废时，应组织有关部门进行技术鉴定，并按规定办理报废手续。设备报废时未提足折旧的，应予补提。所谓提足折旧，是指已经提足该项固定资产应提的折旧总额。已达到报废条件的机械设备，应及时报废。淘汰或报废的机械设备不能向外租赁或转让。但由于意外事故、自然灾害等原因造成提前报废的机械设备，可不补提折旧费。

（四）机械设备合理使用

机械设备的合理使用，是机械设备管理中的重要环节，关键的问题是要在合理使用机械的基础上，处理好使用同维修与保养之间的关系。为此，必须做好以下几个方面的工作。

（1）要根据施工任务的特点，施工方法及施工进度的要求，正确配备各种类型的机械设备，使所选择的机械设备技术性能，既能满足施工生产活动的要求，又能使机械设备的寿命周期费用最低。

（2）要根据机械设备的性能及保修制度的规定，恰当地安排工作负荷及做好使用的检查保养，及时排除故障，不带故障作业。

（3）要贯彻"人机固定"的原则。实行定人、定机、定岗位的"三定"制度，是合理地使用机械设备的基础。实行"三定"制度，能够调动机械操作者的积极性，增强责任心，有利于熟悉机械特性，提高操作熟练程度，精心维护保养机械设备，从而提高机械设备的利用率、完好率和设备产出率，并有利于考核操作人员使用机械的效果。

（4）要严格贯彻机械设备使用中的有关技术规定。机械设备购置、制造、改造之后，要按规定进行技术试验，鉴定是否合格；在正式使用初期，要按规定进行走合运行，使零件磨合良好，增强耐用性；机械设备冬季使用时，应采取相应的技术措施，以保证设备正常运转等等。

（5）要在使用过程中为机械设备制造良好的工作条件，要安装必要的防护、保安等装置。

（6）要加强对机械管理和使用人员的技术业务培训。通过举办培训班、岗位练兵等形式，有计划有步骤地开展培训工作，以提高实际操作能力和技术管理业务水平。

（7）建立机械设备技术档案，为合理使用、维修、分析研究机械设备使用情况提供全面历史记录。

（五）机械设备的更新和改造

1. 机械设备的更新

（1）机械设备的磨损及其补偿

机械设备购置后，在使用或闲置过程中，都会逐渐发生的损耗。这种磨损有两种类型。一种是有形磨损（又称物理磨损），一种是无形损耗（又称精神磨损或经济磨损）。

1）有形磨损

有形磨损是使用过程中在外力作用下的使用磨损和闲置过程中受自然力作用而产生的自然磨损。有形磨损，有一部分可以通过修理得到修复和补偿。还有一部分是不可能通过修理得到补偿，而需要通过部分更新来补偿。

2）无形磨损

无形磨损是由于科学技术的进步，不断出现更完善、生产效率更高的机械设备，使原有机械设备价值下降，或是由于机械设备的再生产价值不断降低，而使原有机械设备相对贬值。对于无形磨损的补偿办法是技术更新。机械设备技术更新，就是指用原型新设备或结构更合理、技术更完善、性能更好、生产效率更高、耗费原材料和能源更少、外形更新颖的新设备更换那些技术或经济上不宜继续使用的老设备。

（2）设备寿命

设备寿命在不同需要情况下内涵和意义不同。设备寿命主要包括自然寿命、技术寿命和经济寿命。

1）自然寿命

设备的自然寿命（又称为物质寿命）是指设备从投入使用到因物理磨损和不能继续使用、报废为止所经历的全部时间。自然寿命主要由设备的有形磨损所决定，因此应做好机械设备的保养和维修工作。

2）技术寿命

技术寿命（又称有效寿命）是指设备从投入使用到因技术落后而被淘汰所延续的全部时间。技术寿命主要由设备的无形磨损所决定。

3）经济寿命

机械设备使用期限愈长，摊入到产品中的设备投资费用就愈少。但是，随着机器的老化，机械设备的有形损耗和无形损耗都在不断增加，其使用费用（即燃料动力费、保养修理费等）也在不断增加，这种随设备使用时间的增长而增加的使用费用称为使用费用的劣化。因此，平均每年总成本是时间的函数，总成本为最低的使用年数就称其为经济寿命。

2. 机械设备的改造

为了尽快改变机械设备老旧杂的落后面貌，提高企业生产的现代化和机械化施工水平，尽快形成新的生产能力，对现有的机械设备，既要采取"以新换旧"，还要"改旧变新"，对于老旧杂的机械设备就需要进行技术改造。

机械设备的技术改造具有投资少、时间短、收效快、经济效果好的优点。但在进行中应注意以下各点：

（1）要同整个企业的技术改造相结合，提高企业生产能力。

（2）要以降低消耗、提高效率，达到最大经济效益为目的。

（3）在调查研究的基础上，做好全面规划，根据需要和资金、技术、物质的可能，有重点地进行。

机械设备改造的具体方法很多，如改造设备的动力装置，提高设备的功率；改变设备的结构，满足新工艺的要求；改善零件的材料质量和加工质量，提高设备的可靠性和精度，安装辅助装置，提高设备的机械化、自动化程度；另外，还有为改善劳动条件、降低能源和原材料消耗等对设备进行的改造。

（六）机械设备安全管理

1. 机械设备安全技术管理

（1）项目经理部技术部门应在工程项目开工前编制包括主要施工机械设备安全防护技术的安全技术措施，并报管理部门审批。

（2）认真贯彻执行经审批的安全技术措施。

（3）项目经理部应对分包单位、机械租赁方执行安全技术措施的情况进行监督。分包单位、机械租赁方应接受项目经理部的统一管理，严格履行各自在机械设备安全技术管理方面的职责。

2. 机械验收

（1）项目经理部应对进入施工现场的机械设备的安全装置和操作人员的资质进行审验，不合格的机械和人员不得进入施工现场。

（2）大型机械塔吊等设备安装前，项目经理部应根据设备租赁方提供的参数进行安装设计架设，经验收合格后的机械设备，可由资质等级合格的设备安装单位组织安装。

（3）设备安装单位完成安装工程后，报请主管部门验收，验收合格后方可办理移交手续。

（4）中、小型机械由分包单位组织安装后，项目部机械管理部门组织验收，验收合格后，方可使用。

（5）所有机械设备验收资料均由机械管理部门统一保存，并交安全部门一份备案。

3. 机械管理与定期检查

（1）项目经理部应视机械使用规模，设置机械设备管理部门。机械管理人员应具备一定的专业管理能力，并熟悉掌握机械安全使用的有关规定与标准。

（2）机械操作人员应经过专门的技术培训，并按规定取得安全操作证后，方可上岗作业；学员或取得学习证的操作人员，必须在持《操作证》人员监护下方准上岗。

（3）机械管理部门应根据有关安全规程、标准制定项目机械安全管理制度并组织实施。

（4）在项目经理的领导下，机械管理部门应对现场机械设备组织定期检查，发现违章操作行为应立即纠正；对查出的隐患，要落实责任，限期整改。

（5）机械管理部门负责组织落实上级管理部门和政府执法检查时下达的隐患整改指令。

参 考 文 献

1 任继良，张福成，田林主编．建筑施工技术．北京：清华大学出版社，2002

2 廖代广主编．建筑施工技术．第二版．武汉：武汉理工大学出版社，2001

3 金大鹰主编．机械制图．第五版，北京：机械工业出版社，2001

4 赵香梅主编．机械常识与识图．北京：机械工业出版社，2004

5 李芝主编．液压传动．北京：机械工业出版社，2005

6 朱学敏著．土方工程机械．北京：机械工业出版社，2003

7 中国建筑业协会设备管理分会编．建筑施工机械管理使用与维修．北京：中国建筑工业出版社，1998

8 高忠民主编．工程机械使用与维修．北京：金盾出版社，2002

9 关柯．王宝仁，丛培经．建筑工程经济与企业管理．北京：中国建筑工业出版社，1997

10 全国一级建造师执业资格考试用书编写委员会．建筑工程经济．北京：中国建筑工业出版社，2004

11 建筑机械使用安全技术规程（JGJ 33—2001）．北京：中国建筑工业出版社，2001